JN187536

日本列島の運命

団塊世代からのメッセージ

西山 義彦
Yoshihiko Nishiyama

文芸社

はじめに

私は、ＮＴＴ（日本電信電話株式会社）を平成十三年十二月一日付で早期退職した。定年まであと五年、五十四歳だった。

入社したのは、昭和四十一年だった。以来長年、国の電気通信事業に携わり、必死に働いてきた。

昭和四十年代には、日本列島改造論を唱え、国民の生活を第一に、地方と都市間の格差をなくすため、道路、電話、鉄道、空港等インフラ事業を成し遂げた政治家もいた。それにより、農産物、海産物、工場での生産、産地直送など、地方の産業も発展した。その頃は、生活が便利になり、活気づいた。地方でも将来の展望があった。大正デモクラシー後の悲惨な戦争のあとに、やっと民主主義と豊かさを実感できた時代だった。多くの国民が中間層、中流意識を持っていた時代だった。安定した国民の生活があった。

しかしその後、国は行政改革と称し、電電公社の民営化、日本国有鉄道の民営化、年金制度の改正等を断行したのである。

それにより、多くの電電公社マンの人生あるいは運命、それと国民の運命が大きく変わった、と言っても過言ではない。

この改革が、失われた二十年、多くの格差、一千兆円もの借金をもたらした要因と思えてならない。あれは、本当に国民のための行革だったのか。

私は事実を、多くの皆様に知ってもらいたく、ペンを執る。

あの行政改革の結果を厳しくつきつけたい。電話加入者（民営化後契約者）は勿論、国民の皆様に知ってもらいたい。

各メディアが報じるため、パフォーマンスのよい劇場型政治ばかりに国民の注目が行きがちだが、それよりも、地方の隅々、国民の暮らしがどうなっているのかを第一に取り上げるべきだ。権力に屈せず、過ちは追及し、事実を伝え、歴史に残すべきだ。

全国津々浦々には、数千年の歴史があり、先祖が守ってきた土地、山、川、海の自然がある。我が地元も同じである。しかし第一次産業（農林漁業）の衰退、高齢化、後継者問題もかかえている。農耕民族、大和民族はどうなるのか。多くの地方がかかえている大きな課題である。

このままだと多くの地域が消滅しかねない。だれがこの日本列島を守るのか。

私は電電公社での営業職、ＮＴＴ販売担当として、現場第一線で働いてきた。民営化で廃止になった窓口業務、職場集約、職場解体での体験、感じたことを、また全電通組合員として民営化反対運動、原水禁行動等、一組合員として取り組んだ行動を記述する。

電電公社職員、ＮＴＴ社員、あらゆる社会人の何千、何万のお客様、多くの方々と接し、素晴らしい出会いと別れがあった。私の記憶と日記、いただいた助言、報道資料等を参考に、これまでのことをできるだけ検証した。

振り返って、今さらと皆様は思われるかもしれないが、名声も地位もなく権力欲もなく（少々食欲は?）、強欲というのが出ないうちにしたためたい。

六十年前からの話のため、年代、数字等、断片的で記憶の過ちが多少あるかもしれないが、ご了承いただきたい。

目次

第一章

採用試験　浅草分教場　松沢電話局

上京・入社

昭和四十一年四月一日、新宿地区管理部に準職員で採用される。

その一年前の昭和四十年には二度、筆記試験、面接試験で上京していたが、その度、西、東もわからなく、叔父、叔母には大変お世話になり、また面倒をかけた。

言葉づかい等のアドバイス、試験会場への同行、手取り足取りだった。東京での生活の第一歩を踏み出せたのも、二人のお蔭と思っている。

県人会

同郷人五名（郵政省採用が三名）で、県人会会長（社長）の会社へ挨拶に行った。

そこは叔母の勤務先でもあった。それぞれ採用先の報告、今後のご指導をお願いした。

社長は二度、熊本選挙区で衆議院選に出馬していた。二度目はわずかの差で次点だったと聞いていた。

三日間は五名で「～サアー」を語尾につける熊本弁のまま、銀座、新宿、上野、浅草、渋谷と、東京見物をした。

その後は年に一度、県人会で会うぐらいだったが、のちに私が熊本へ転勤したあと、郵政採用の一人は電電公社へ転職していたことがわかり、熊本で何度か会った。仕事の関連も少々あり、退職したのも同じ五十四歳だった。郵便局へ勤務していたら早期退職はなかっただろう。

叔母の勤務先へはよくお邪魔していた。都電が走っていた頃で、東大久保で乗車し、たしか上野広小路で下車した。山手線では御徒町駅下車徒歩十分だった。

一度は電電公社職員課長（のちに局長）とお会いすることがあった。大変明るく、ざっくばらんな、気さくな方で、「これから電話局の仕事は大変忙しくなり、営業は第一線です。いろんなサービスが出てきます。よろしくお願いします」と言ってくれたが、若くしてお亡くなりになった。あと数十年おられたら電電公社の民営化はどうだったか、多くの人から惜しむ声を聞いた。ホテルオークラのロビーで大平正芳元総理（その当時は大臣）を叔母が紹介してくれた。国会の答弁とは違い、ニコニコ顔の庶民的な大臣だった。

平成二十五年十二月、叔母が七十八歳で死去した。一週間前に会った時は元気だった。その当時のことをまだまだ聞きたかったのだが。

母方の歴史ストーリー

唐突だが、ここで先に母の話をしたい。

母は健在で八十七歳になる。母から昔のことをよく聞かされている。

母の父は、昭和九年、家族を連れて中国の大連に渡ったという。その後青島へ行った。叔父、叔母は中国で生まれている。長男は十代の時に病気で亡くなっているため、母が一番上の子供として両親を助け、弟と妹たちの面倒をよく見てきた。病気（赤痢、チフス等）が流行した時も、母は丈夫で一度も病気にかからなかった。

昭和二十年の敗戦では、混乱状態だったが幸い青島港が近く、船の手配もうまくいき、十二月には帰郷できた。しかし、高価なもの、思い出の品なども含む全財産は強制的に没収された。奥地にいた日本人には非常に大変な引き揚げだったと、母や親族、引揚者に聞いたり、歴史書や報道で見たりした。日本軍、関東軍は盾となり、日本国民を守ってくれたのだろうか。どうもそうではなかったようだ。引揚後は祖父と叔父（二男）が漁業を営んでいた。

写真は数枚残っていたが、平成十一年の高潮災害で流失してしまった。

母は、平成二十五年度から要介護2となった。高齢者が高齢者を見る老老介護となる。私たちはだれが見てくれるのか心配である。

育った環境

戦後の非常な混乱期の昭和二十二年、私は長男として生まれた。一人息子だったため大事にされ、長男の特権が与えられ、周辺の方々にもかわいがられた。

好き嫌いが激しく、わがままに育ったようだ。そのせいか、今でも「だれかがやってくれるだろう」という依頼心が強い。行動が人より遅く、学校に入学してからは皆となじむのに苦労した。親には「苦は楽の種、楽は苦の種」としつけられたが、忍耐強さがなく、受け身の長男だった。

短慮な性格が、そのまま早期退職に繋がったのだろうか。

浅草分教場

就職が決まったあと、生き馬の目を抜くという東京でやっていけるのか心配だった。研修をする浅草分教場でクラスの連中と協調性が取れたのも、みんな優しくいい奴ばかりだったからだ。

地下鉄の新宿駅から浅草駅まで、学生服で通った。この頃はまだ冷房がなく、満員電車の梅雨時期はとにかく蒸し暑かった。

営業班は四クラスあった。一クラス三十人くらいいた。地方出身者が多く、ほとんどが長男だった。その後、十年間世話になる東京育ちは、数少ない次男が多かった。

各地方のお国訛りの者が多く、わざとらしいと思ったこともあった。栃木県の同期は特に面白かった。皆、真面目でその土地のままの人間味。その頃の地方出身者の多くは地元に帰った。長男は親や家を見る使命があり、本人にも責任感があった。

「かわいい子には旅をさせろ、だが、いずれ帰ってきてほしい」というのが、ほとんどの親が望んだことだった。

昼休みには楽しみがあった。中庭があり、休憩時間はバレーボールに熱中した。週に何度かは浅草サテライトスタジオに歌手が出演し、十二時すぎからヒット曲を聴かせてくれた。握手のサービスもあった。山梨県、福島県の二人が特に熱心に通っていた。

平成二十年に再び上京した際に学園を探したが全くわからなかった。広い敷地はどうなったのだろうか。中央学園をはじめ駒場学園、池袋分教場。一等地は、国の土地だった。

松沢電話局

昭和四十一年七月、訓練を終えた私の配属先は、東京電気通信局新宿地区管理部松沢電話局（世田谷区松原町）だった。京王線明大前駅下車徒歩七、八分の場所である。

配属先では、いきなり窓口担当を任された。

名義変更では印鑑証明書と登録印の確認で手が震えた。当時、電話加入権の値は十万円から十五万円した。初任給が一万五千円くらいの時代である。

新規の申し込みの場合、設置まで半年以上かかったが、電話加入権は電話業者がほとんど売買（名義変更）を行っていて、すぐに設置ができた。局長は雲の上の存在で話もできなく、挨拶程度だった。次長はよく様子を見にきてくれ、よく声をかけてもらった。営業課長は父親の年代だった。全部で三係あり、職員二十名くらいの課長である。係長はほとんど仕事の段取りや指導をしてくれた。

先輩たちは私と年齢に差がなかったが、公私共々兄貴分だった。

甲州街道の排気ガスで空気が濁っていて、私はよく扁桃腺をはらしていた。熱を出す度に、先輩が心配して見舞ってくれた。社会人一年目で情けないほど迷惑のかけっぱなしでもあった。この頃の人は、俺がついてる、俺に任せろ、とよく口にした。戦後の混乱期を支え合い、助け合ってきた、人情味のある先輩諸氏だった。最近のことはよく忘れるが、この頃のことは鮮明に昨日のようによみがえってくる。

ある日、栃木県出身の先輩の誘いで、数人で新宿の映画館に東映の任侠映画を観に行った。

観終わって外に出た途端、ガラッと態度が変わり、映画の主役になりきっていた。

「おい西、今から飲みにいくぞ、ついてこい」

「兄貴、とことん付き合います」

背広を肩に引っかけ、歌舞伎町へ。仕事は緻密で厳しい先輩だが、素朴でシンプルな面もあり、この頃の典型的な男らしい人だった。

その後、友人の話では六十歳という若さでお亡くなりになったという。

先輩女性職員の方には、つくろい等をよくやっていただいた。当時は高価だったバナナもいただいた。服装がとても粋で、日本髪に着物姿で仕事をされていた方もいた。まさに「やまとなでしこ」である。

その後、窓口担当から電話受付となった。この頃の受付番号は局番の0000番か0001番だ

松沢電話局の先輩たちと（著者は左から２番目）。昭和41年

った。

係長からの電話を受けた時、「西山君は標準語になりつつあり、電話の声が良い声だ」と褒められ自信がついた。窓口ではお客様から聞き直されることが多かったのだが、今でも電話の声のほうが相手に通じるようだ。

電話で受ける仕事は室内移転や電話の撤去くらいで、ほとんどの申し込みは原則窓口で受け付けていた。

ある日、電話を取るとこんなことがあった。

「はい、松沢電話局です」

「〇〇（野球チームの名）のNと申します。課長さんいらっしゃいますか。お願いします」

テレビ番組のインタビューで聞いた声だった。緊張の一瞬である。

「すみません、〇〇（課長の名）は会議中です。少々お待ちください」

「いいえ結構です。遠征中でして。またご連絡させてください」

紳士で、優しい、丁寧なN様。数日後、窓口に来客されたとのこと、私は訓練か出張かで不在だった。「電話を受けました、西山です」と出ていきたかった。本当に残念だった。

たまには私も外に出たいだろうと思った係長が、「電話の撤去は簡単な工事だから行ってこい」と言ってくれたことがあった。

ペンチとドライバーを持って、業務用の自転車で住宅街を走った。黒電話が一台一万円と貴重品だった。そのため、資材課、線路課、営業課との棚卸し、帳簿対象は厳しく管理されていた。

秋も深まる頃、電話撤去では衝撃的な出来事があった。

管内の大学本部長室の電話を外すことになり係長に同行したのだが、この頃は学生運動が盛んで、学内を学生が占拠し、バリケードで封鎖された迷路になっていた。案内してくれる学生に「大人は駄目」と言われ、年齢を聞かれた私は「もうすぐ十九歳です」と言う。まさか入社して半年で、こんな大変な仕事をするとは思わなかった。

電話撤去の際、手が震えた。ニッパーで線は切ったが、ローゼットのねじがなかなか外れず、長い時間に感じた。

「同年代だ、悪いようにはしない。落ち着いてやっていいから。電話機一台撤去するのも大変な仕事だな」

リーダー的な人が声をかけてくれた。

数十人が大挙していた。みんな頬がこけ、澄んでいたがきつい目をしていた。火炎瓶、鉄パイプ等が置いてあった。

その後、さらに学生運動が激化した。授業料の値上げに対する反対運動、安保条約への反対、ベトナム戦争への反対。あっちこっちで反戦歌が歌われていた。成田空港反対運動も激化していた。広島、長崎、スリーマイルやチェルノブイリ原子力発電所の大事故問題もあった。

今思うともっと徹底的に取り組むべきだったと思う。

その後、無駄なダムに対する脱ダム宣言というのもあったが、ダムは原発よりましだ。既設のダムは、水力発電を推進すべきだ。コストはかかるかもしれないが何より安全である。自然が活用でき、地方の雇用が確保できる。

この頃のことは、無駄な抵抗だったかもしれないが、日本国を思っての行動だったと思う。しかし、政治力には勝てなかったのだ。

数十年後の今では、原発への反対運動や、年金制度や派遣法の改正を求める運動も鳴りを潜めた。

政治に関心がなくなりつつあったのか。

昭和四十一年十二月、惜しまれながら松沢電話局から異動することになる。同じ京王線沿線初台駅が最寄りの淀橋電報電話局に行くことになった。

わずか半年間だったが、皆の優しい笑顔と仕草を今でも思い出す。それだけ皆にお世話になり、迷惑をおかけした。今でもとても親身に思っている。現在も社会人の一員として、何とか年金で暮らしていけるのも皆のお蔭だ。

第二章　テニス

軟式テニス

軟式テニスは高校時代、遊び程度に少々かじった。松沢電話局営業課時代は、軟式のテニスクラブに入部した。庶務課の職員が中心で、次長が部長をしていた。いつでも練習ができるクレーコートと体育館があり、現在では考えられない環境良き時代だった。スポーツマン、芸達者、良き趣味を持っている人が文武両道として、仕事もできる人と言われていた。

硬式テニスクラブ発足

同期の一人とはよく旅行をし、テニス、海、ギターといろいろ教えてもらった。江戸っ子で、積極的、行動派で、正義感が強く、またリーダーシップも発揮していた。淀橋電報電話局（松沢電話局は電報配達がなかった。電報が電話の前につくのは電報の重要性があったからだ）へ転勤になったのを機会に、二人で見よう見まねで、硬式テニスを始めた。十八歳の秋である。それから五十四歳まで、特技（？）の一つとして、多くのテニスプレーヤーと友達になった。そんな友達とも、一旦対戦相手になったら、体力、技術、忍耐、心理戦のゲームに熱中した。

西大久保寮重量挙げサークルで知り合った一つ歳下を誘うと、彼はマネージャー的存在となり、縁の下の力持ち役をやってくれるようになった。数年後、彼は東京都の大会で活躍した。数年で部員は三十名を超えた。そのうち電電公社員は十名程度だった。あとは民間企業や自営の人、女性も十人程度入部した。練習は電電公社南砂町グラウンドコートが中心だった。ここはノンプロ電電東京の野球グラウンドも隣り合わせだった。

練習後には、近くの食堂で飲んだり食べたりした。夏場のかき氷は最高だった。下町人情のご夫婦を今でも覚えている。冬場は電電両国体育館で練習をした。床板で、ものすごく滑るため、スピードのあるサーブができた。周辺には相撲部屋が多く、国技館もあり、お相撲さんがよく歩いていた。髷は結えない「ザンバラ髪」で、話しかけると同世代であることがわかった。倍ぐらいの身体で貫禄のある人たちだった。

中学高校時代　相撲部・空手

ここで中学・高校時代を振り返ってみる。相撲だけはまあまあ強かったが、走るのは遅く、ケンカも弱く、親戚の同級生がよく助けてくれた。悪さもし、先生方からよく怒られ、愛情たっぷりのバットで尻をよく叩かれていた。二、三日は痛くて、和式トイレにかがむ時には閉口した。

相撲で肘を脱臼したこともある。そんな時でも先生は関節に気合いを入れてくれた。激痛が走り、肘が曲がったままになった。肘を伸ばすため、空手を習いに行くことにした。先生の都合で時間は夜、場所はお寺の境内だった。肘も少しずつ伸び、精神、体力面で自信もつき始めた。

五十五人学級だったから、先生方も大変だっただろう。勉強は科目によっては理解できず、私が高校に合格できたのは先生方の特訓のお蔭だった。

高校時代は柔道部に約一年半いた。その後ギター愛好会、男性が少ないコーラス部へ。どれも長く続かなかったが、その後三十五年間も続けることになるテニス部へ入部した。

テニススクールでプロに習った友人がコーチを買って出て、基本を重視し、懇切丁寧な指導をしてくれたため、何とか部員全員が初級をクリアし、試合ができるようになった。私も徐々にテニスのプレーヤーらしい筋肉がついた。プロの試合もよく観戦していた。

デビスカップ観戦

田園コートで行われる国別対抗デビスカップ大会には何度も応援に行っていた。坂井、神和住選手は同年代である。スタイル、フォーム、ラケットまで真似ていた仲間もいた。

坂井選手のシングルスはエース格だった。オーストラリア戦に勝って、決勝戦ではインドと対戦、相手はエース格のクリシュナンである。変則プレーヤーで、大苦戦していた。近くで「坂井ファイト」と言った観客もいた。私も一緒に応援している一人だった。「テニスは紳士淑女のスポーツ、静かに観戦するもの」と思ったが……。しかし、坂井選手も頷いて応えてくれた。

その後、盛り返したが、残念な結果に終わり、あくる日のスポーツ欄を賑わした。

皇太子殿下、美智子妃殿下も観戦され、お二人は身をのりだして応援されていた。

テニスブームも、軽井沢での優雅で華麗な両殿下のお姿からだった。

自分はよく格好つけてラケットを無理に二本バッグに入れ、小麦色の顔で新宿、原宿あたりを闊歩した。今思うと、お上りさんの優越感だ。

ある日、滅多に行かない地下鉄の銀座で下車し、数人で歩いていたら、正面から俳優の渥美清さんが歩いてきて、「兄ちゃんたち、テニスはいいねえ」と声をかけられた。かなり驚いたが、優しい声だった。「ミックスダブルスは最高です」と返事をした。渥美さんは、下駄を履いて「銀ブラ」をされていた。

テニスの仲間たち

コーチは仕事もでき、電電公社内の専門部（中堅幹部育成）を卒業して、将来を嘱望されていた。民営化で人生設計が変わった一人だった。多くの真面目、几帳面、実直な職員が苦労したと思う。

マネージャー的だった後輩は、二十代で建築士一級に合格した。テニスでは都の大会で勝ち進んだが、とんでもない変則のベテランの選手とあたり苦戦した。後輩はまっすぐな性格だったが、経験の浅さがあり、仕方なかった。

応援する側は、「粘れファイト」、「練習どおりやれ」、「美味いビールがあるぞ」、「彼女が観てるぞ」などと勝手なことを言っていた。

プレーヤー本人は頭真っ白である。まだスポーツドリンクもない時代、水だけで闘い、一試合で数キロはダウンした。

四年後に入部した一人は、大学のテニス部で鍛え、相当な腕前だった。私は一ゲームも取れたことがなかった。彼は中野区のシングルスの大会で優勝した。

彼とダブルスのペアを組ませてもらったこともある。当然、弱い方がせめられる。ダブルスの鉄則だ。

クラブの部長

数年がたち、皆から部長に推挙された。年功序列もあり、体重も五十三キロから六十三キロに増えたため、貫禄がついていた。

年数回は合宿を実施。軽井沢が多かった。昼間は基礎練習、練習試合で白球を追った。球の色は数年後、黄色の球になって見やすくなった。

夜は懇親会、後輩たち（特に女性たち）に「部長さん、どうぞ」と、ビールなどをついでもらい、最高だった。

部長と呼ばれるのは公私共、最初で最後だった。このままずっと良き仲間たちと共にいたい、時間よ止まってくれという気持ちだった。

テニスの軽井沢合宿。昭和49年

熊本でのテニス

趣味と言われれば趣味だが、テニス競技は生活の一部となり四十年近く続いた。熊本へ転勤してさらに熱中することになり、軟式テニス部数人を硬式テニス部へ誘った。若者が多く、数人はすぐ自分を追い越した。

また勤務先の九州保全工事事務所においても、サークルを発足させた。昼休みや、仕事が終わったあとに、皆で熱心に練習した。部活により仕事仲間とコミュニケーションが取れ、ストレス解消にもなった。電電の大会は勿論出場し、一人は全国大会へ行った。官公庁大会、県、市の大会があり、夏の大会では熊本の猛暑の中、体力勝負だった。

歳は三十代。仕事にも励んだ。

熊本県民体育祭

郡代表で、二十五年連続で県民体育祭へ出場した。どうしても熊本市などの大きい市には勝てなく、最高はベスト8だった。

水俣市で県民体育祭の大会があった。テニスの会場はチッソ水俣工場の敷地内、数面を利用して行われた。3セットマッチで、シングルス、ダブルス両方で活躍したが、団体戦なのでトータルで敗退。遠方での出場は一泊二日、勝っても負けても夜は最高の盛り上がりだった。

個人の家に宿泊し、大変お世話になった。まだ若い選手たちは深夜まで騒ぎ、泥酔して、年長の監督は「それくらいにしとけ」という顔をしていた。家のご主人、奥様は楽しそうに、迷惑な素振りなど微塵も見せなかった。今でも、穴があったら入りたいくらいである。お二人には申し訳ない。

その頃はすでに水俣湾の水銀やヘドロは回収され、仕切網が張られていたが、気を遣ってくださったのだろう、肉料理が中心だった。

私の住んでいる地域も少し離れてはいたが同じ八代海（不知火海）だった。原因が究明されていなかったのと風評もあり、高校時代は、魚によってはほとんど食べなかった。

地元は豊かな海のお蔭で戦後の食料難を乗り切ってきた。国は最悪の事態をなぜ想定しなかったのだろう。現在の原発の汚染水の流出も同じである。本当はわかっていながら、経済発展のための利権構造を優先したのではないだろうか。

豊かな海と国民の生命、財産は、保障金（税金投入）では解決できない。

熊本大会

熊本テニスクラブの大会では、ダブルスのペアの相手が上手かったので、ベスト8まで勝ち進んだこともあった。

シングルスでは、高校生が相手の場合はどうにかテクニックで勝利していたが、大学生が相手となるとスタミナ切れで最後は負けていた。

東京時代のエースがいかに強かったかを痛感した。私が転勤する時、色紙に彼は「粘りを持ってやってください」と書いてくれた。私は性格を見抜かれていた。

細川元総理は、県知事時代にはテニスでよく優勝をしていた。たしか冬季国体ではスキーで熊本県代表として出場されていたとも聞いていた。あと一つ試合に勝てば、お相手できるチャンスもあったが、あと一歩のところで負け、残念だった。

「残念です、お疲れさん」と優しい言葉をかけてくれる、オールラウンドの名プレーヤーのお一人だった。

テニス協会

民営化により、保全工事事務所は一番に合理化解体された。官公庁大会も民間企業になったため出場できなくなった。私は砥用(ともち)電話局に異動し、久しぶりの窓口業務をすることになり、仕事も忙しくなった。

テニスのほうは、郡のテニス協会会長に就任した。熊本県協会の会議が多く、約三十キロの道を行き来していた。会長は県のナンバー1プレーヤーで大学時代、デビスカップ代表選手とダブルスを組んでいた。会議は長時間に及んだこともあり、こちらは会議でもスタミナ不足だった。

私事だが三十歳代という若さ。公私共に体力と気力があった。熊本テニス協会のため、NTTのためなどと考え、世のため人のためと勘違いしてのぼせていた。心身共に充実していると勘違いしていた。

時がたち、カーボンラケットの普及、ネットにつめる攻撃型よりもベースラインで守る戦法が主軸となる技術の進歩があり、しっかり守る人が、強い選手となった。「攻撃は最大の防御」とも言われるが、テニスでは守りが強固な人が勝者になっていった。

私は五十歳を過ぎ、目の飛蚊症も気になり、仕事での体力の衰えを感じていた。県民体育祭の監督としての責任感もあったが、退職するのと同時にテニスもきっぱりやめた。多くのテニス仲間との別れだった。きつい練習、猛暑での試合、せり勝った試合は特に爽快だった。「真夏の青い空と白い雲。そこに君たちがいて、僕がいた」。

大勢のテニス仲間、理解と協力をしてくれた電電公社職員の皆様、地元テニス関係者の皆様に感謝である。

第三章　淀橋電報電話局

電話料金担当

昭和四十一年十二月一日、やっと慣れつつあった職場から異動となった。仕事の評価なのか悩み、ショックだった。あとで内密に聞いたが、もとは上北沢電話局開局の要員だったらしい。

淀橋電報電話局は大規模な局で、局番数は十五局、加入回線数はあとに全国トップとなった。新宿副都心構想が、淀橋浄水場跡地に計画されており、数年後、超高層ビルが建設されたが、私が異動した時はまだ空地で、ソフトボール、野球、自動車仮免許の練習等で利用していた。

配属先は第二営業課第一料金係。全部で三係あり、担当者は約二十名だった。

電話料金の総括担当という名前はいいが、毎日、毎日が電話料金の計算だった。ほかの係員は算盤で計算していたが、私は自分用の珍しいスウェーデン製の計算機が一台あり、ブラインドタッチでキーを操作できた。窓口のお客様や子供たちが、不思議そうな顔で見ていた。

私は、出勤時間より三十分早く行き、約三十人分のお茶くみをした。ランダムではなく、上司、先輩から持っていった。一歳上の先輩が二人いて、たまに手伝ってくれた。先輩の二人は一年後共に退職してしまった。一人は大手の広告会社、一人はスナック経営。両人と数年はお付き合いをしたが、収入は電話局とケタ違いだったという。

女性職員は男性職員と同様の仕事を持っていた。育児と両立している人もいた。

お客様からは新規の電話設置が喜ばれた。料金担当は徴収するほうなのでお客様の喜ぶ顔は見られず、ひたすら間違いのないよう事務処理をした。東京の人は厳しいと聞いていたが、大目に見ていただくことも多々あった。

異動担当

三年後、加入者原簿登記とオーダー発行をする部署に異動した。名義変更、移転等、受付担当からの手書文書を扱った。几帳面な字、個性的で読みにくい字など様々だったが、先輩には字が下手とは言えなかった。

私もインクペンでの原簿登記で修正液をよく使用したため、上司から「永久保存だから丁寧に書け」と怒られたこともあった。

各企業の顧客情報漏洩がニュースで聞かれる昨今だが、この頃の営業は、原簿が命。そして保管は厳重で、絶対に顧客情報が洩れないよう、通信の秘密は絶対だった。防災訓練は一番に原簿を持って避難する。料金明細書をチェックし、お客様への誤請求はほとんどなかった。

慰安旅行

職員の慰安旅行の幹事は持ち回りで各係から選出し、幹事になると絶対の権限があった。

無礼講とされ、上司と部下との隔てはなく、年二回実施された。

酒の席では正調武田節をよく聴いた。一節の「人は石垣、人は城、情けは味方、仇は敵」という文句が好きだった。日本人はこうでないといけない。人を大事にして、悪いことをすれば子や孫の代まで繋がる。熊本県の我が地元でも人には良くしておけと昔から言い伝えられている。因果応報ということである。

山梨方面へも行ったことがあった。なぜか私には山梨県の知人が多く、先輩、後輩、同期、寮仲間たちと、親しく付き合いをさせてもらった。山梨の友人たちは現在どうしているだろうか？　友人の一人は、武田二十四将の子孫と聞いていた。

民営化後は組織が変わり、今ではもうわからない。お世話になった方には、つつがなく暮らしていてほしい。

伊豆半島一周（半周だったかも）の遊覧船に乗ったこともあった。すぐに宴会が始まった。その頃はまだ缶ビールはなかったように思う。花札、トランプもした。

石廊崎あたりで急に海が荒れだし、みんなおとなしくなった。船酔いである。一升瓶はあっち行ったりこっち行ったりとゴロゴロ転がった。

「面白い面白い、もっと揺れろ」と言う人や、「西山さん、日頃のお礼をここでしましょう」と言ってくる後輩も。私が「大丈夫ですか」と言うと、いきなりくすぐったりもした。

「頼む、触らないでくれ、静かにしてくれ」

長野県の後輩と私の二人が酔わずに正常だった。

日記帳

昭和四十四年頃の日記帳が出てきた。読んでみると、仕事、大学、テニス、遊びと、充実した毎日を送っていたようである。反面、煮え切らないぼやき、ぶつぶつと愚痴の多い男であった。

今では聞いてくれる理解者は少なくなったが、当時は愚痴を聞いてくれる友人は多くいた。とにかくこの頃の人は優しく、相手を大事にする、戦後の苦難を乗り越えた憂国の人たちだった。今執筆できるのも、この頃の個性派の皆様のお蔭だと思う。

昭和四十五年頃の東京は、九月になると秋風が吹き、しのぎやすくなった。真夏もクーラーは機械室だけ。ほかの部屋は扇風機で暑さを乗り切り、よく書類を風で飛ばしていた。数年後、窓口にクーラーが設置された。

新規加入電話

機械や線路状態が良くなり、淀橋電報電話局管内ほとんどが、一週間で設置可能になった。それまで月一、二度、銀行の会議室を借りて説明会をしていた。債券（公社債）十五万円、設備費五万円、加入料三百円などという料金のことや、工事日、電話番号、口座引き落としなどの説明をした。

この頃、給料は月二万円もらえただろうか。換算すると現在の十分の一、つまり今のお金で二百万円という高額な工事費だった。

来客数の多さは、知人がいた日本交通公社新宿か、我が淀橋電報電話局かと言われたほどで、毎日が繁忙期だった。

混雑すると順番がわからなくなりがちで、お客様も不機嫌になる。整理券として番号札を配布したらどうかと上司に提案すると、「それはいい案だ」と言われ、採用され、それにより順番待ちの間違いが減った。交通公社でもそれから整理券を発行したと知人から聞いた。

営業係長

係長は仕事の把握、お客様の対応、他課との調整、オーダーチェックなどのすべてを仕切り、電電公社営業課の司令塔として兎にも角にもオールマイティの人だった。部下がミスしても、怒らず、叱ることもなく、部下のせいに絶対にしない冷静な係長だった。

係長は戦時中、東京を守る対空砲火部隊だった。ハイレベルの技術力を習得したが、B－29には届かず悔しい思いをしたという。

職場では、多くの大先輩たちが戦争で必死に戦い大変な目にあったと言っていた。軍隊ではひどいいじめや、訳のわからない暴力もあったという。後ろから上官へ弾が飛んでくることも度々あったそうだ。強かったという関東軍も、ソ連が参戦すると住民を置いて逃げるように引き揚げたという。

職場の上司のほか、義父、親戚、地元の人たちの中で、シベリアに抑留された方々にいろいろ聞かせてもらおうと思ったが、「とにかく寒かった」の一言だった。

時代の流れ

江戸っ子気質は、本音でズバズバ言う気質だという。「心配するな。あいつが面倒見ないなら、俺に任せろ」という感じだ。

この頃は頻繁に窓口に外国人が来客した。私は英語がしゃべれないため、ジェスチャーを交えて悪戦苦闘した。一人の先輩が英語がペラペラでよく助けてもらった。

上司にも学校では習っていないと、英語は苦手な人もいた。

「あなた英語駄目ですか」

「ここは日本だ。日本語を」

「あなた、英語は国際語ですよ」

「日本語、わかるじゃないですか」

こういうやり取りもあった。

戦前の教育を受け、神国日本、日本人が絶対だと思っていた大先輩たちもいた。

奥多摩にて

夏、土曜と日曜を利用して係で奥多摩に行き、民宿に泊まった。宿では自家発電とランプ生活だった。私の地元よりも田舎と思われた。係長は自慢の釣竿でヤマメ釣りをしたが、周りが騒ぎすぎて釣れないと言っていた。私は手づかみで二匹獲った。子供の頃、父とよく行っていた五家荘（平家五木の里）の子供たちから教わった獲り方を実践したのである。七名で一口ずつ食べた。少ない分、美味しかったと、職場で評判になった。

この頃は秘密主義がなく、相手を褒め、仕事は助け合い、冗談交じりで冷やかすこともでき、遠慮せず言いたいことは言えたのである。

線路課との交流

第一営業課と線路課は、電柱番号、線番で電話設置可能か調べる、取り付けまでの一番大事な仕事だった。お客様と第一線で接しているもの同士であるから、お互い理解し合えるものがあった。

線路の仕事は、電柱、ケーブルの設置と整備保守点検。それから電話取付と移転だった。

同期の線路マンが、電柱にしがみつくから夏は蝉と同じだと言っていた。冬は寒風にさらされ、大変きつい命がけの仕事だった。

ベクトルの法則と同じなのか、線路は張り具合が重要で、ある程度のたるみが必要だという。弓あるいはギターの弦と同じで、張りっぱなしは長く持たないそうだ。人間もたまの遊びが必要不可欠だが、それとも同じだろうか。

訓練で電柱に上ったこともある。引込線から保安器（雷が落ちた時に被害をくい止める器具）の接続を手伝ったが、お客様の屋根瓦を外し、大変だった。

東京電力との共架柱の上に電気線が張ってあり、以前は裸線もあった。線路課の大先輩の話では、同僚が目の前でそれに触れてしまったときは、強い電流が流れているのでぶら下がったままで、助けることもできなかったという。まさに命がけの仕事だった。

いくらパソコンや機械が普及しても、人の技術力は必要なシーンも多い。現在は農林業、建設土木業の技術者が減って、取り返しがつかない状態だ。

送電線、道路、地方の鉄道事業などのインフラは、国の機関でやるべきだ。そうしない限り日本の再生はない。

線路課とは親睦会（泥酔会）を四半期毎に開いた。私も酒では、若手のエース格だったが、線路のつわものどもには、太刀打ちできなかった。

新規取付工事のオーダーには線路番号が必要だった。ＣＣＰケーブル赤、白、青、の何とかと言っていた時代である。

総括管理担当が番号を付与していたので、二日酔いのまま訪ねると、担当の大先輩女性から、「僕、味噌汁で顔を洗って出直しなさい」とよく言われた。「洗ってきました」と言って出直すと、ニコニコ顔で熱いお茶と梅干を出してくれた。

男性の担当の方は、社宅西大久保独身寮の富山県の先輩（荏原電話局線路課？）と同様、公私共々ご指導いただいた。年賀状の写真を見ると、ご夫婦共健在で嬉しい限りである。まだまだアメリカの男優バート・ランカスターにそっくりだ。

この頃、新規加入電話を設置するには、運用課（電話番号付与）、機械課、試験課の担当の連携が不可決で、それぞれ間違いがないよう集中して業務を行った。

しかし、どうしてもお客様に付与する電話番号に間違いが出ることがあった。そのため、「お知り合いにはまだ報告しないでください。あくまで予定番号です」と応対していた。

お客様がよく「語呂合わせの良い番号をください」と言うことがあったが、その応対が一番困った。

ある日横にいた電話業者さんが「電話局と同じ番号０００番はどうですか。一日五十回はかかってきますよ」と言ってくれ、救われる場面もあった。

現在はパソコンでの社内システムがあって便利だが、この頃は皆それぞれ手作業で、迅速かつ正確に連携するのが必要不可欠だった。そうしないと線路課の工事担当者を電柱に長時間上らせたままになるのだ。高価で高根の花だった電話が開通した時、「電話局に一番に電話しました」と言う人もいた。また窓口にわざわざ来られ「便利になり良かった嬉しい」というお客様もいた。窓口担当は一番嬉しく営業マン冥利につきた。開通記念のお祝いをされた方もいた。

全電通組合

管理者を除き、全電通組合へは全職員が加入していた。

集会、代々木公園までのデモ行進など、線路課の同年代が執行委員として頑張っていた。

リンゴを数名でかじりながらする行進が、組合運動と理解していた。全電通組合員二十九万人（電電公社職員三十三万人）という組織は団結力があり、働き甲斐のある職場だった。日本国電気通信事業の発展のためだと、将来に向け夢と希望に燃えていた。

だがこれも、十数年後の強引な民営化により解体した。組合の同志である真面目で勤勉な電電公社マンの人生設計を奪い、狂わせた。

お客様の加入権はどうなったのだろうか。お客様からは多額の公社債、工事費を頂戴したのであるが。

「名義人の父親が死亡し、最近承継の手続きをした。NTT116センターに聞いいたが、まだ加入権はあるようだ」と言われたこともあった。

四十年前のことだが、お客様には「いらなくなったら、工事費くらいの値で売れます」と応対したことも申し訳ない気持ちでいっぱいだ。

いくら政治力とはいえ、ひどすぎる。

我々も電気通信事業のために電電公社職員として入社したのである。約束が違うではないか。簡単に人の運命を変えていいと思っているのだろうか。

電柱、ケーブル、機械室、電話局、土地等、ＮＴＴは民営の会社のものになった。国が株を一部保有しているというが胡散臭い。

実情がわかれば、お客様である国民もきっと民営化には納得できないはずである。

何度も触れるが、先輩方の絶え間ない努力で戦後の貧困から発展させてきた事業である。人情味あふれた安全安心の社会、中流階級意識が持てる社会、やっと国民が豊かさを実感しつつあった時代だったはずだ。

一千兆円の借金をかかえている現在の日本はどうだろう。おそらくこれからも赤字は増えるだろう。ますますあらゆる格差が生まれるのである。これが日本国の運命なのかあるいは宿命なのか。

人生の師（課長、先輩たち）

私が二十一歳の頃、大学の学資の工面や、職場の仲間や友達との付き合い等々に経費がかさみ、生活が厳しかった。

電電共済年金と全電通組合を一時的にやめようと、課長に相談したことがあった。隣で聞いていた当時組合執行委員をしていた先輩が、「おい、お前たち。団塊世代は入社や受験で大変だっただろうが、入る墓も少ない。だが老後生活は保障されている。絶対やめるな」と助言をくれた。

若くして結婚され、子供が二人いて家計が厳しいながらも、宵越しの金は持たぬと酒場では立ち飲みなどでよくご馳走になった。江戸っ子気質の先輩だった。

直属の上長だった課長は折に触れ、「西さん、日頃からよい仕事と雰囲気づくり、お疲れさん。微力だが、新宿地区管理部、東京電気通信局に推薦しているよ」と将来を見込んでそう言ってくださった。

「それより課長、私の希望は九州転勤です。よろしくお願いします」と私は言っていた。実際、転勤では大変ご尽力いただいた。東京では、お亡くなりになる前まで「課長の会」をやっていた。

若くして亡くなる方は、世のため、人のためと、情に厚く、多くに気を遣われ、一生懸命生きてこられた方が多い。

運命

戦後の子供の頃のことで、よく覚えているのが、山での栗拾い、鳥・兎・狸の捕獲、川での鰻・鮒・鮎獲り、海での魚釣り、貝・タコ・イカ獲り。とにかく口に入るものは食べた。自然の恩恵を頂戴していた。

野原でも遊んだ。高いところから飛んだり、竹の切株でケガをしたこともあった。葡萄の柱の線に首をかけたり、海で溺れたりもした。地金を拾って売ったこともあった。米軍の機銃掃射の真鍮製の弾などは高く売れ、不発弾もあった。その都度年長者が教え助けてくれた。

そんな私も成人式を終えた。成人式は該当者十五名程で淀橋電報電話局で式典が行われた。私は代表で答辞を読んだ。内容は戦後の混乱期の中、ここまで育ててくださった諸先輩、両親へのお礼の言葉とした。来賓の管理者数人の方はハンカチで目頭を押さえていた。

成人でおおっぴらに酒が飲めるようになった。すでに味は覚えていたが、飲む機会も増えた。

それまで一度もなかったのだが、酔ってフラフラしたまま新宿駅で電車を降りた際、電車とホームに足を挟んだことがあった。

私は一瞬で酔いが醒めたが、数人で引き揚げようとしても、なかなか上がらなかった。数人がドアを押さえてくれていた。見ず知らずの大勢の人に助けてもらった。大ケガをするか命を落とすかだったが、たいしたお礼も言えなかった。思い出す度に、恩人に感謝も言わず、申し訳ない限りである。

その日は昼間、献血を行った。職場で話したらそういう日に飲むバカがいるかと言われた。献血でだれかに血液を提供した同じ日に、逆に輸血されていたかもしれない。

子供の頃から数えると、幾度となくだれかに助けてもらっている。運命か、あるいは宿命というものか。まだ世のため、人のために尽くし足りないから、尽くしきるまでということで、生かされているのかもしれない。

営業窓口

窓口には有名人も来局した。

女優I様が来たこともある。色白で気品があり、声も綺麗で、勿論美人。三十分くらいの応対をした。

ひととおりの事務手続きをしたあと、サインをいただくか、映画界の話などを聞けばよかった。だが公私混同は禁物。嫌な思いをされても、お客様にはあまねく公平がモットーだ。

私は約二年間の窓口対応で、お客様約五千人の

成人式。若竹色は電電公社の色。昭和43年

新規申し込みを受け付け、処理したこととなった。

公衆電話、ＰＢＸ、ビル電話担当（第三営業課）

第一営業課から第三営業課へ異動となった。今度の業務は公衆電話担当、ビル電話担当（新しくできた担当である）、ＰＢＸ（プライベート・ブランチ・エクスチェンジの略で、交換機のこと）担当である。係長は三名いて、その下にそれぞれの担当が二名いた。

公衆電話担当は主に、新宿駅西口広場内の公衆電話の十円玉集金業務委託の手配に追われていた。数年後、黄色い百円公衆電話が普及し、何枚も十円玉を用意せずにゆっくり長電話ができるようになったが、電話に長蛇の列ができるようになった。そして増設の要望が増え、担当者は大忙しだった。

私はＰＢＸ担当だった。当時は自営（お客様設置の交換機）、直営（電電公社の交換機）があり、交換手の方が応対し、社長、部長、各課の内線電話へ繋ぐ仕組みがあった。

自営での新設、変更等の申し込みを受け付け、増設電話課の担当者と立ち合い実査。京王百貨店様へは数回伺った。交換手の方が大勢いて、電話では笑顔は見えないが笑顔だとちゃんと伝わる良い電話応対だった。

自営業者さんは、ほとんど課長が手続きに来られ、一人の方には特によく教えてもらった。ジェントルマンで、暑い日も背広、ネクタイ、帽子姿。どう見ても職場で作業着の電電営業職員とは違っていた。

信頼関係

電話局の給料は高いとは言えなかった。だが時間外勤務はなく、終了時間の五時には職場の仲間たちとジョギングをした。新宿西公園のアベックたちを羨ましくチラチラ横目に見ながら往復した。線路課用の風呂に入り、近所の酒屋さんで立ち飲み、その後、初台駅か新宿駅西口や南口の赤ちょうちんへ。遅くまで給料払いのツケで飲んでいた。

昭和四十七年のオイルショック後も電電公社職員は信用があり、まだツケが利いていた。この頃は金がなくても楽しかった。

共済組合の掛け金、組合費、所得税、都民税はほんの少額だった。老後の保障があり、組合の助けもあり（三六協定があり、時間外労働には厳しかった）、貯蓄など全く考えていなかった。ほとんどの友人がそうだった。仲のいい新潟県の同期は数百万円の貯蓄があったが、付き合いは一度も断らない男だった。

六十六歳の今、年金が収入源である。所得税、市民税、復興税、健康保険、介護保険、固定資産税、自動車税、各種保険、消費税、電話料金他光熱水道料等支払うと、厳しい生活だ。十五年で年金の掛け金は取り戻せるが、退職時のライフプランはあてにならなくなった。

政治は高齢者、国民に容赦ない。必死に日本国のために働いた先人、先輩たち、我々仲間の団塊世代は嘆いている。現役の人たちにこのようなことをお知らせするのは将来が不安になると思うが、仕方がない。

先程も書いたが、インフラ事業は公共機関が行えばよい。そうすれば全国に雇用枠ができる。また、年功序列で賃金は同一労働同一賃金。それが一番だ。

メディア、評論家の先生方には教養人として少しでも地方の現状を理解してもらいたい。

現在のＮＴＴはどうだろうか。電話局はほとんど無人局になっている。五十歳からは賃金カットがある。電話料金という収入源がどれだけ、内部留保、株主配当、役員報酬へ使われているのか。

民営化を断行した政治家は以前、サービスが良くなった、通話料が安くなったと自慢げに言っていた。テレビでも野党の政治家が、雇用は減ったが通話料金が安くなったと言っていた。政治家はお客様の現状を調べてから話してもらいたい。市内通話料金は、以前は無制限で十円だったが、現在は三分十円である。家族のほとんどが携帯電話も持っているから、むしろ通信料は高くなっている。それに消費税も含まれる。

地震、台風、ゲリラ豪雨被害の早期復旧工事は大丈夫か。ケーブルが切断した時。あるいはサイバー攻撃は大丈夫か。「備えあれば憂いなし」これは、日本の昔からの戒めの言葉ではないか。通信網のセキュリティ対策は近代社会体制に絶対必要だ。

かつて電電公社は子供向けに電話教室を実施していたが、今では当たり前に子供も携帯電話を持つ時代である。いろいろなサイトの危険性や犯罪性が問われ、大人の監督管理は絶対に必要である。むしろこれからもっと電話教室を実施していくべきである。

ＪＲは儲からない地方の路線を残してくれるのか。第三セクターも経営が悪化している。森林組合も頑張っているが営林署の組織に戻さないと、先祖伝来の日本の山はどうなることやら。

高層ビル（ビル電話）

私のこの淀橋電話局での最後の仕事は、ビル電話担当だった。丁度、新宿副都心の超高層ビル建設が始まっていた。京王プラザホテル、住友ビルなどが建設され、淀橋浄水場の跡は数年後、高層ビルで埋め尽くされた。

ビルディングのテナント毎の申し込みは、トータルで百回線を超えた。

ビル電話のことをセントレックスとも呼んでいた。大半が自営だった。この頃から民間企業が参入し始めていた。

企業にとっては大事なＰＲの手段だった、年一度発行の電話帳への掲載名は、スタッフや自営業者さんたちと何度もチェックをした。

自営の交換機、端末機器にも増設電話課の厳しい検査があった。民営化以降回線も自由化しているが、どこが検査しているのだろうか。セキュリティは大丈夫なのだろうか。

建設中の五十階に工事用エレベーターで昇り、下を見た時は、静かな別世界で、山の頂上のようなパノラマだった。飛行機の上空とは違った景色だった。窓、手すりがなく恐怖だった。

高層ビルが建つ前、淀橋電話局は八階建てで、周辺では一番高いビルだった。雨上がりの空気が澄んだ時、富士山も望めた。

昭和四十年代後半は、上に高速道路が走る甲州街道と環状線の交差点で、騒音被害があり、排気ガスによる光化学スモッグが発生した。現在はなぜか九州で発生している。

夢の世界

新宿副都心の街並みが整備され、映画、テレビのロケがよく行われていた。「太陽にほえろ！」のロケにもよく使われていた。女優、梶芽衣子さんが手錠に何かをぶら下げて歩道橋を駆け上がる姿を見た時は、一瞬の出来事で驚いた。目が鋭かった。「女囚さそり」の映画ロケだった。

昭和四十一年六月の上京して間もない頃、新宿東大久保の叔母の家に行く途中の都電若松町付近で、大映の勝新太郎さんがレインコートを着て正面からさっそうと歩いて来られた。刑事の役をされているところで、ロケは数分で終了。勝さんが、通行中の人たちに、「ご迷惑をかけすみません」と、頭を下げておられた。また、わざわざこちらへ来られ、「兄ちゃん、足止めさせて悪かった」と言って握手をしてくれた。とても光栄に思い、感動した。

当時は上京してまだ三月で、頭を下げるくらいしかできず、何も言えなくて後悔した。「お願いします。弟子にしてください」と言えばよかった。刑事役の目は鋭かったが、挨拶された目は澄んで優しく、これまで見た一番のよか男（ハンサム）だった。

「この人だったらついていきたい」と思うほどの、梅雨空の蒸し暑い朝でもす〜っと涼しい、爽やかな風が吹くような男優さんだった。

窓口でもお客様からたくさん声をかけられた。

「あなたはかわいい顔だが、二枚目は目鼻立ちがはっきりしている。横顔は通用するかも」

「あなた、顔がむくんでます。飲みすぎです」

「血圧が高いでしょう」

などと言うお客様もいた。

一方私は占い師の方に「いつ結婚できますか」と聞いたことがあった。

プロレスラーの方が来られた時は私の目線が胸のあたりになるほど大きな方で、声も低くどすが利いていた。しかし体格に似あわず緊張されていた。

電話業者の方々は毎日のように来て、多くの情報をくださった。民営化に電話加入権の価値がなくなって取引もなくなったため、多くの業者さんが廃業した。

新潟県出身の先輩には、何年もスキーを教えてもらっていた。またご自宅に何度もお邪魔し、食事もご馳走になった。酒は駄目な先輩で、ボトルは飲み放題、オーディオ機器が使い放題だった。

スキー場へは何度も、N360で連れていってもらった。スキー板、靴以外は先輩のを借りた。その後、栄転されて管理機関に行ってしまったので、疎遠になりがちだったが、久しぶりに会う機会があったことがある。「西山、電話もインフラ事業が急ピッチで進んでいる。日本列島改造で都市部と地方の差をなくすという計画があるから、九州へ帰れるかもしれない」という朗報をくれた。

昭和五十一年三月、内示があり、課長から九州保全工事事務所資材課へ拝命された。淀橋電報電話局勤務は約十年続いていた。初めの五年は淀橋電報電話局の星と期待されていたが、買いかぶりだろう。

数日間は送別会、挨拶回りだった。数名の同僚が、淀橋電報電話局始まって以来の寄付金（餞別）を集めてくれた。局長、次長、各課長はじめ多くの職員からの餞別と、カルティエの高級ライターを頂戴した。お礼状等が大変だったが、「文句を言ったらばちが当たる」と思い、一生懸命書いた。

飲食店のツケ、月賦等々の支払いで、あとは飛行機代分だけが残った。

羽田空港へは平日にもかかわらず職場、大学、テニス仲間等多くの見送りが来てくれた。同デッキ内にいた有名な女子バレー選手に負けないくらいの人だかりだった。

駿河湾、四国を見つめつつ、ヒット中の新曲「木綿のハンカチーフ」や、上京した当時のヒット曲「東京の灯よいつまでも」を聴きながら、約一時間三十分のフライトをした。

十年間お世話になった方々との様々な出来事がまるで走馬燈のように巡っていた。複雑で感慨深いものがあった。

第四章　西大久保独身寮

社宅

昭和四十一年から五十一年までの十年間、私は新宿西大久保独身寮で暮らした。名称は「電電公社西大久保独身寮」といって、寮生は約百五十名。管理人、寮母さん家族が同居している。山手線新大久保駅から徒歩十分。歌舞伎町より徒歩二十分。新宿二丁目より徒歩二十分である。

通勤は楽だったが、夜の誘惑が多かった。二丁目のスナックでは先輩のお姐様に「西山ちゃん、上司に叱られたら私が説教してあげる。連れていらっしゃい」とよく話を聞いてもらった。

よく友人たちが泊まりに来た。人を泊めるのは寮の規律違反だったが、管理人さんが見て見ぬ振りをしてくれた。人数が多い時は内緒で管理人室にも泊めてくれた。管理人さんは優しく、親代わりにもなってくださったが、深夜に交通事故で亡くなってしまった。大変悲しい、寂しい思いをした。

土曜日の勤務は午前中で終わるため、寮に帰ってから食堂や屋上で麻雀をした。年に二度程、囲碁と将棋の大会があった。野球、ソフトボールの寮対抗もあった。後輩の一人は、囲碁と将棋はまるで駄目だったが、野球はショートの1番で、生き生きしたプレイをした。ちなみに4番は年功序列で最年長が務めていた。ほかにも、電電東京関東野球部OBや、甲子園大会出場者もいて、私は全然出る幕はなかった。しかし応援にはよく行き、味方を冷やかし気味に野次ったこともある。応援の力もありよく優勝した。

祝賀会では試合内容を批評、評価してやった。レギュラーがブツブツ文句を言ったが、私はそれだけ一生懸命スコアラーを兼ねて応援していたのだ。「今度は俺が投げてやる」と後輩に言うこともあった。この頃は年上が強かったのである。

隣の部屋に、本社採用Aコース（今でいうキャリア）の方が越されてきた時には、愚痴等を聞いてもらった。その方は技術畑で、武蔵野通信研究所のハイレベルな技術者だった。電電サッカーの監督もされていた。このような人についていったら教養が身につけられて、人生が変わったかもしれない。

独身寮には四十歳代の管理者が多くおられた。「地位も金もある」のに……。これもまた人生か。

尊敬する先輩たち

富山県の先輩には大変お世話になった。所属は荏原電話局線路課と聞いていた。前述したが、電柱上りは夏は暑く、冬は寒風吹き荒れる。落ちないよう危険と隣り合わせの仕事だった。

些細なことにも親身になってくれ、優しかった。上司の説教を「西山君の今後のため、ありがたく受け取ってみたらどうか」などとアドバイスしてくれることもあった。日頃は冗談交じりだが、人間関係については真剣そのものだった。

この先輩からの愚痴は一度も聞いたことがない。お国柄なのか、到底真似はできない。これが本物の人生観を持った昭和の日本人だと思っていた。私は六十五歳を越えた今でも、その先輩がよく口ずさんだ「男の純情」を思い出してはカラオケで歌っている（男いのちの純情は燃えてかがやく金の星……）。もう少し、謙虚さを身につけたい。

寮生のほとんどが地方出身者だった。お国柄や訛りがなかなか抜けないところに、かえって親しみが持てた。

酔うとローカル語（特に東北弁はわからない）丸出しの寮生が、適当に真似をして場を賑わし、楽しんでいた。いろんな思想家、宗教家の先輩もいた。純粋でまっすぐで、それぞれに人生観があった。

自分は思想や主義主張などはなく何も思わず、先輩や同僚から誘われるまま、新しくて珍しいものにとびつく熊本弁で「わさもん」だった。だが、それも長くは続かない。右派系、左派系、政党の誘いもあったが。

今思うと、そういう生き方もあったかもしれない、と思う。しかし自分は熊本に帰り、家を守るよう仕向けられていたのである。これを宿命という。

先輩から学び、先輩を立て、後輩たちの面倒を見る。「いい男になりたい」と多くの若者が思っていた。現代にない日本人特有の、昭和四十年代の団塊世代の生き方だった。

趣味

後輩が四人乗りのヨットを所持していた。ドイツ車にも乗せてもらい、葉山ヨットハーバーへ行ったこともある。至れり尽くせり最高の友人だった。

ブルジョア気分でいざ乗船。船長の命令は絶対で、風上に向かって四十五度を保ち、操縦していた。ゆっくりのんびり魚釣りができる、優雅な船なんてとんでもなかった。三度は乗船指導をしてもらったが、あきらめた。

釣りは海、川釣りと子供の頃から好きだったが、生活のための釣りである。いつかは小型船舶免許を取って、自分の船で釣りをしたいと思っていた。テニスと同様、若い時からの長く続いた趣味だった。

スキー

スキーを教えてくれた先輩は指導員の免許取得者でもあった。女性にも懇切丁寧な紳士だった。この頃の諸先輩方は優しく思いやりのある人が多くいた。

その先輩は電電公社を退職して、ジェントルマンの国、ロンドンへ行った。噂では技術力をイギリスにつけに行ったという。日本にとっても電電公社にとっても惜しい方だった。

東京で大雪が降り、一面銀世界になったこともあった。今では想像できないかもしれないが、近くの戸山ハイツの丘でスキーをしたほどである。

将棋大会

子供の頃、祖父と叔父から将棋を習い、よく縁台将棋をした。寮の大会では準優勝だった。なぜか長野県の先輩には一勝二敗で勝つことができなかった。

通信局か通信部大会では有段者を破り決勝まで行くが、やはり準優勝だった。一発勝負に強かった気がする。しかし相手も所詮は素人。番狂わせがあった。理由は序盤の奇襲で大駒を取られ、一つのミスが敗因となる。王より飛車を大事にするまた、戦法に捨て駒、あい駒があるが、民営化の合理化で私も捨て駒になったか？　王様（お客様）のためだったら少しは納得がいくが。また、岡目八目の棋士が多かった。一方、囲碁は番狂わせが少ない。将棋と囲碁は違い、性格が表れるようだ。

仕事ができることも大切だが、文武両道が理想だった。個人に特技があれば、それを生かして皆で褒め、相手の個性を大事にして引き立てる時代だった。いじめの言葉さえ職場や寮生活にはなかった。

社交場

夏には寮祭があった。私はこういう時には出しゃばりだった。「あなたは今年は受付や、裏方（照明、音楽、焼き鳥、ビール運び等々）を手伝ってくれ」と言われたが、「勘弁してください。営業窓口で日頃からお客様と接している接待係が慣れています」と断った。年一度の女性寮との交流会でもあるのだ。七夕と同じである。おしゃべりの場であり、フォークダンスをする社交の場だった。

近所には民謡酒場ができ、寮仲間と故郷を懐かしんでよく聴きに、歌いに行った。ビヤガーデンではハワイアンを聴きながら生ビールを飲んだ。ディスコ（ＧｏＧｏ

喫茶?）では、ロック調のリズムでツイストダンスを踊った。

社交ダンス

社交ダンスは職場の上司から指導してもらった。上司はプロ級の人で、話では中川三郎先生に師事していたという。しかし、仕事中は絶対にダンスの話はタブーだった。少しはましになったかと思っていたが、私は小学生時代から遊戯や音楽は駄目だったため、生徒仲間からはだんだん敬遠されがちになった。

ほかにも一つ年上のチーフコーチの女性がマンツーマンで指導をしてくれた。容姿端麗で優しく、憧れの女性だった。それを知った上司が「一肌脱いでやろうか」と言ってくれ、真剣に考え、悩んだ。この女性とならどこで暮らしてもいいと思っていた。しかし宿命か、運命の赤い糸はなかった。

しばらくたって社交ダンスをやめた。上司が「いい娘だったのに」と言ったが、あちらは単なる生徒としか思っておらず、一方的な片想いで終わった。

「若者たち」、「風」のフォークーソングの二曲は、寮の部屋で楽譜なしで歌いながら弾けるようになった。振り返ってもそこには風が吹いているだけ〜。肥後人のわさもの、感無し（熊本弁？）。時間と金があった。

自分にとってこの頃は、充実しすぎた面白く楽しい不思議な時代だった。人生の半分を費やした気分だ。遊ぶために働いていた。団塊世代は戦後の貧困を体験したからか、そういったものを払拭したい気持ちがあった。

夢と希望、勇気、それと電電公社の給料があれば、幸福だと思えた時代だった。

メディア

昭和四十三年、私が二十歳の頃、「京都の恋」「京都慕情」で有名な歌手の渚ゆう子さん出演のラジオ番組が、私たちの独身寮で収録された。

声はハスキーで美人。髪は染めていたように思う。間近で聴いた生の迫力は最高だった。一人が「ジンクスで二曲目のヒットはきびしいでしょう」と言っていたが、ほとんどの寮生が「大丈夫。絶対ヒット間違いない」と言った。

数名でファンクラブを作り、歌番組へ「京都慕情」を何度もリクエストしたからか、大ヒットした。少しは貢献できたのかもしれないと、本当に嬉しかった。

昭和五十年頃、Nテレビ局の「日本人はどこから来たか？」という番組へ、熊本県人として出演してくれないかという依頼が県人会から来た。つい後輩に話すと、「自分も出たい」と言うので、二人でテレビ局に行った。

担当アナウンサーは当時プロレスの実況もされていた徳光和夫さん。寮では群馬県の先輩を筆頭にプロレスの大ファンで、皆徳光アナも大好きで、先輩にも「俺も行って、ぜひ会いたかった」と言われた。徳光さんは庶民派で、現在もお変わりないようだ。

舞台は三十席程度で、一人多かった。すると、ディレクターの方が私に「あなたは九州男児としての風貌（熊襲（くまそ））がない。眉毛も柳まゆ（先祖は京都からきたという話もあるが！）だ。申し訳ない。カメラの近くで見学してください」と言った。

舞台では後輩がマント姿でいる。とてもかわいく見えた。

しばらくして、収録が始まった。ゲストは十代の歌手三名。桜田淳子さん、岩崎宏美さん、もう一人の歌手はどうしても思い出せない（かすかには浮かんでくるのですが)。桜田さんは赤のドレス、岩崎さんは白のドレスで、三人ともさすがお綺麗だった。岩崎さんは私のそばに来て、お疲れ様です、と挨拶をしてくれた。

約十分間は、一メートルくらいのところで見ることができた。何か話をしたと思うが、緊張で何を話したか覚えていない。二十七歳にもなり、人生のまたとない嬉しい時にシャイな面が出た。営業窓口でのお客様応対は役に立たないのか。慣れていたはずだが。

帰りはタクシーで送っていただいた。宏美ちゃんの隣にいられたことがうらやましいと何度も言う後輩が、「最高の気分でしょう、飲んで帰りましょう」と誘ってくれたが断った。飲んで忘れたらせっかくの、またとない人生の良き思い出もふいになると思い、余韻を残したまま帰った。星空を眺めた眠れない夜となった。

アイドル歌手だから気取った素振りもなく、ファンを大事にしてくれた。このスターたちの歌声は団塊世代にとって慰めであり、やすらぎを与える人生の応援歌だった。

入寮して七、八年たつ頃から、入退寮の寮生が多くなった。

結婚する人や、早々と故郷の電話局へ転勤する寮生がいた。長男として早く家や親を見たかったのだろう。

電電公社東京ではすでに自動化が進み、すぐ設置できる電話ができ、地方との差ができた。東京と地方では十年は違っていた。

田中首相の日本列島改造論で早急なインフラ事業が始まった。道路、鉄道、空港の整備拡張計画もあった。都市部への産地直送が可能になった。農業や漁業は将来展望が図れた時代だった。

電電公社だけでなく多くの公共機関の公務員、関連企業等々、東京で培った営業と技術を生かし、活躍の場を故郷へと移すUターンが可能になった。

東京はこの頃、人口一千二百万人である。現在は三千四百万人ともいうが、どちらが良いのだろうか。地方は減少の一方だ。

田中首相は現場第一主義者で、自分で雪深い山村部を歩き、地元の人々の話をよく聞いたという。日本の伝統文化を大切にし、官僚を使いこなす手腕を発揮した。これからの日本に一番ふさわしい未来を展望した教養人でもあった。

熊本への転勤

熊本で電電公社の仕事ができるかもしれない。転勤希望を提出して二年後、運命か長男としての宿命か、熊本への転勤が決定した。

故郷へ錦を飾るまでには至らなかったが、国の施策で転勤することができた。

昭和五十一年三月のことである。引っ越しの荷物はたいしたことがないと思っていたが、十年も住んだ部屋である。数十名に手伝ってもらった。

冷蔵庫、貴重品の背広などはありがたいと言ってくれる人にもらってもらった。布団をもらってくれる後輩もいた。

結局、ボストンバッグ一つ、独り身。身軽な引っ越しだった。

第五章　日本大学

大学

昭和四十二年四月、私は日本大学の経済学部二部に入学した。

前年は受験に失敗し、代々木の予備校へ行っていた。予備校にも入学試験があり、何とかクリアしたが、授業のレベルは高く、科目によってはついていけなかった。電話局営業の仕事をマスターするのと両立させるのは、我が能力では大変だった。

試験

職場では数名の先輩が大学に通っており、昼休みの時間に勉強を懇切丁寧に教えてもらっていた。お蔭で一次筆記試験をクリアした。

二次面接試験では尊敬する人物を聞かれた。

「坂本竜馬です」

「どうして？」

「誕生日が十一月十五日で一緒だからです」

「歴史上で、ほかにいますか？」

「上杉謙信です」

「どういうところが、尊敬できますか？」

「私利私欲がない義の人だからです」

合格したのはとにかく、先輩方の特訓。そして上杉謙信公のお蔭だった。上杉謙信は日本大学の校風にあったようだ。

一年目は経済学原論がどうも理解できず、二年生まで持ち越した。

私はジョン・スチュアート・ミル『政治経済学』や『自由論』などに興味があった。経済学で覚えているのが、功利主義の「最大多数の最大幸福」。国民の生活にはこまめで何事も知っている政治が必要だ。リーダーは周りに細心の気を配る、何事も把握している、教養人であるべき、そのように説いていた。また、日本大学では、倫理学を授業に組み込んでいて、倫理感の大事さがわかった。

卒業証書は、二部（夜間）と一部（昼間）の区別をしなかった。

学生運動

一部への転部試験を受けようと思っていたが、学力不足と電話局の仕事が調整できず、実現しなかった。

また、経済学部を含む日本大学は数年、学生に占拠された。

中には一般の過激派もいたようだが、水道橋、代々木、新宿駅周辺で、学生と機動隊が頻繁と言っていいほど衝突していた。投石と火炎瓶、催涙ガス弾の応酬だった。

隣にいた人が投石を受け、頭から流血したこともある。その血は暗くてどす黒く見えた。携帯電話もない時代、救急車はその状況では呼べなかった。ケガ人はうずくまってしまったため、もう一人と後方に連れていった。幸いこの頃、都市部でも土の部分があり、野草が生えていたので、ヨモギを採んで傷口にあてた。私は子供の頃にケガをするとヨモギで血止めをし、殺菌をしていたから、その効果を知っていた。

その人には何度もお礼を言われた。数メートル違っていたら自分に当たったかもしれない。

翌日は山手線が不通で西大久保寮から歩くことにした。山手線ガード下は催涙ガスの残りがあり、この日は涙が止まらなかった。歩道の敷石が投石に使われるので、ほとんどの歩道がコンクリート舗装になった。

ドイツ語

ドイツ語を専攻していた。教授の厚意で、私を含めた数名が自宅へ呼ばれた。奥様がドイツ人のようで、モダンな色白の綺麗な方だった。私は「イッヒ　ビン　スチュウデント（私は学生です）」と言うつもりが、「イッヒ　リーベ　ディヒ（愛しています）」と言ってしまった。教授から「人の奥様を口説かないで」と言われ、皆に失笑された。

ドイツ語だけは成績が良く、優か良だった。

体育祭

大学には相撲の輪島、魁傑（柔道部？）がいて、この頃から名をはせていた。十両時代、両国国技館へ応援に行った。日本大学は体育祭を国立競技場で開くほどのマンモス校だった。私は単位の手段として応援に参加した。

東都大学野球連盟では日大は強かった。人気は六大学のほうがあり、法政大学には山本、富田、田淵選手という法政の三羽烏がいた。強くて、特に人気があった。

応援に神宮球場にも行ったが、日大は惜敗だった。

大学の友人

三人の友人がいた。年齢も同じで、気が合い、よく旅行をした。

海水浴に伊豆大島へ行った。貸し自転車で波浮(はぶ)の港まで走った。「あんこ椿は〜」の椿油の甘い香りがしたが、特産品だった。

海では銛(もり)でサザエ、ウニ、魚などを獲った。私以外の二人は、長野県、埼玉県の出身で海が苦手。一人はうつぼを水中メガネで見てびっくり仰天、悲鳴をあげて陸に向かって走ったが転んでしまい、身体のあちこちが傷だらけになった。海の傷は塩水で消毒されるため、治りが早かった。民宿に三泊四日でお世話になった。

平成二十五年の豪雨で伊豆大島は被害を受けた。早く復旧されますように。

政治・経済・倫理

政治家は国民の生活を第一に、間違った方向に運命を変えてはいけない。絶対に私利私欲があってはならない。偉人の言葉にもあるように、「天は人の上に人を造らず、人の下に人を造らず」、「人民の人民による人民のための政治」である。国民生活が安定している時は、ゴリ押しの政治をやってはいけない。政治は小魚を煮るが如し、細心の注意が必要だ！

政治・経済学を学んだが、思想、理想、理論などの机上の空論ではなく、現場で多くの国民の生活を見たり知ったりすることが大切だと思う。

現在はまさに金儲け主義、超競争社会、格差社会である。昭和四十年代は中間層、中流意識が国民皆にあった。これこそ最大多数の最大幸福である。国民が義務を果たし、権利も主張できた。

「西山は日本大学の生徒です。日本大学の生徒は西山です」と胸を張って言えるような、日本大学生として恥ずかしくない誇りを持って生きられるようになった気がする。

卒業

昭和四十六年三月、卒業。卒業前になんとか単位を取得でき、叔父、叔母、職場の上司、先輩たち、同僚、お世話になった方々に報告した。

淀橋電報電話局営業課職員の皆様には、仕事で多々ご迷惑をおかけした。年長の先輩方が「自分は戦争で勉強ができなかった。頑張って絶対卒業しろ」と励ましてくださったのを覚えている。卒業証書を見て、自分のことのように喜んでくださった。女性職員の方は嬉し涙を流してくれた。

もうあれから四十五年以上時間が経過した。光陰矢の如し。「青年よ大志をいだけ」と言うが、あっという間の四年間だった。

新宿伊勢丹前にて。群馬県の先輩（プロ級）が撮影。昭和45年

第六章

帰郷（Uターン）

九州電気通信保全工事事務所資材課

昭和五十一年四月一日付けで、九州電気通信保全工事事務所資材課に着任した。担当業務は電話機（黒電話、公衆電話の赤、黄色、のちにグリーン）の修理に必要な部品を調達すること。

需要予測を高くしていても、高度成長時代からか、不足する部品があった。そういう場合は全国の保全工事事務所より貸借した。また部品交換などで対応した。間に合わずに中国保全工事事務所へ何度か調達に行ったこともある。

まだまだ九州管内ではダイヤル式黒電話が主流だった。九州管内では貴重品だったが、東京管内ではすでにプッシュ式電話が出回っていた。お客様へはレンタルで設置し、修理が間に合わない時は予備機で対応していた。

時の政権が「日本列島改造論」を唱えており、通信の地方間格差をなくすため、自動化の推進をしていたが、実際は地域によっては東京に比べて十年は遅れていた。

保全工事事務所の主な業務は、電話の修理と自動改式工事。労使一体となり、中長期事業計画を実行していた。

無駄のない働きがいある健全な職場だった。こういう職場環境があれば現代の職場でのパワハラもなく、メンタルヘルスの問題もないだろう。同一労働、同一賃金の職場環境が理想である。

この頃の日本は他国から理想の国として、信頼を集めていたと思う。民営化もせめて電話局だけは残し、送電線網を確保していれば、島国日本の人が住んでいる限りあまねく公平になったのではないだろうか。

防衛線、国境線は海底ケーブル、無線中継所を建設し、交替で常駐できただろう。竹島、北方領土も送電網を確保できれば、近隣諸国ともっと仲良く情報を共有できていただろう。

原水禁6・1佐世保闘争

二十八歳から三十歳まで青年部に所属していた。

思い出すのが6・1行動だ。六月一日、原水禁大会で長崎県佐世保市へ行った。目的はエンタープライズ入港阻止だった。

非核三原則（政府は核兵器を持たず、作らず、持ち込ませず）があるものの、多くの国民がいまだ知らない、原子力発電を推進する政治家、財界人がいた。

佐世保での行動は、デモ行進、シュプレヒコールとスクランブル行進。外側は機動隊とぶつかり合うので、若くて体力のあるものが活躍した。

原子力発電も核ではないのか。その後、チェルノブイリ原発の事故、福島の原発事故が起こり、多くの被害者が出るのである。

大事件が起こることを、この時代、組合の仲間たちや多くの国民は気付いていなかった。

政治家、科学者、メディアは広島、長崎の原爆被害をどのように見ていたのか。安全なクリーンエネルギー、コストが安いと言って推進していたが、廃棄物処分場もなかったのである。

日本全国に川（急流）があり、多くのダムがある。私はそのダムを利用した水力発電が日本に適した発電だと思う。

昭和四十年代の学生運動、ベトナム反戦運動、成田空港闘争等は、大事な反対運動だったかもしれない。一方で、第二次大戦の戦争責任はどこにあるのだろうか。戦争を始めた理由、大義名分は何だったのだろうか。

原爆の恐怖を知っている日本人だからこそ、原子力発電所建設の反対運動が必要ではなかったか。

私は、空母エンタープライズ号入港への反対運動や、原子力船むつの受け入れ反対への署名運動にも取り組んだ。

原子力の安全性を唱えた政治家や科学者の責任を、報道は正しく伝えただろうか。第二次大戦の全国民を巻き込んだ戦争、他国への侵略戦争も同じである。

親、先人、大先輩の戦争体験談で聞いたこともあり、また戦記雑誌や戦争体験者の手記などで読んだこともある。作家の先生の戦争体験をもとに書かれたものもあり、その本には「戦争のボタンを押した高級軍人は、素人かどこかおかしいに違いない。そのような者により、何百万という精霊が犠牲になった」というような内容が書かれていた。

行財政改革

私は、現場第一線の者として働いてきた。のちに行財政改革の名のもとの民営化があった。

かつて、何千もの電話局、配給倉庫、学園、野球場、テニスコート、福利施設、病院、等々の一等地の土地、建物、敷地があったが、勝手に国民の財産を一企業に渡していいのか。

また、お客様は一つの財産として、債券、工事費を支払って加入権を得たのである。しかし現在は電話売買は数千円と聞く、ただも同然で、多くの電話業者が廃業となった。政治が国民の財産を私物化したのである。戦争とは違うが、日本列島を大きく変える運命の民営化ボタンが押されてしまったのである。

電電公社職員にも民営化され合理化し、ふるいにかけられたあとに病気を患い、メンタルヘルスを害した多くの社員がいる。自ら命をたった社員もいる。そこまで追い込まれた者を、助けることはできなかったのか。転勤、転勤で、離ればなれの家族も多かった。

なぜかこの国は臭い物に蓋をする。喉元過ぎれば熱さを忘れる、ということか。過去の過ちは絶対に繰り返しては駄目だ。それとも繰り返すのは、日本国民の運命なのか。どの時代も国民が間違った政治の犠牲になってしまうような気がする。

電話自動改式工事

日本列島改造論により、インフラ整備事業が始まった。

当時、お客様がハンドルを回して交換手が取り次ぐ半自動方式が主流だった。しかし村には電話が数台しかなく、電話の持ち主が各家に取り次いでいた。そんな中、自動改式工事が急ピッチで進んだ。

この日本列島改造論を唱えた総理大臣、田中角栄こそ、新潟県の農村部を歩き、多くの県民の話を聞き、国民の生活を知っている現場主義、義の人、教養人だった。

しかし、昭和五十一年のロッキード事件で田中角栄は逮捕され、逮捕後はずっと無実を訴えておられた。

数年たつと、私も無実だと思うようになった。これだけ国民のために電気通信のインフラ事業を行い、地方農林業のための道路を作ったのである。そういった人なら国民との約束、公約を守るはずだと思った。私利私欲のない政治家だと私は信じている。それまでは、悪く言う人もいなかった。私の地元の人々も、田中氏は農業のために一番よくしてくれたという印象を持っている。

もうしばらく田中政権が続いていれば、電話、道路、鉄道のネットワークが張り巡らされ、きっともっと便利になった。運搬も容易になり、第一次産業もこの頃には、人材確保や後継者育成ができ、将来の展望が図れた。

営林署

電電公社の民営化後、営林署の多くは統合され森林管理署になった。国有林は手つかずになり、安く手に入る外国の木材が輸入された。

林業は採算が取れず失業者も多かった。ここでも多くの人材が一極集中化して都市部に向かった。

日本の多くが山間部である。山、川、海の維持管理はどうなるのだろうか。跡取りもなく、後継者のいない地域は消滅するしかない。

現場事務所の設営

職場では自動化の工事が主な仕事になった。鹿児島県方面への仕事が多くなった。三年間在籍した資材課から庶務課へ異動することになった。ほかにも私は局舎の管理担当をし、現場事務所のプレハブ設置の契約担当でもあった。

まだ高速道路はなく、鹿屋（かのや）（大隅半島）へは国道3号線を車で五、六時間かけて走った。そこで働く工事課の職員は民宿等に泊まり込み、自動改式の工事をした。家族と離れ、寂しい思いをしたであろう。しかし、お客様のみならず、電気通信事業のため、国家のためにと使命を果たしたと思う。

また私は、交換機（この頃A、H型からクロスバー交換機DEX型へ変更になった）のバージョンアップ契約の担当でもあった。

三社以上での競争入札だった。工事課の担当係長が積算をし、課長、次長、所長の伺い決裁を受けた。入札の際は緊張した。

各機関も、保全工事事務所でも契約担当は三年で入れ替わる。業者との癒着防止のためである。絶対不正があってはならない。竣工後は、仕様書のチェックをした。技術も優れていたが、この頃は子・孫請け会社もうまくいっていた。請負金額も満遍なく行き渡っていて、手取り額は私たちより高かったようだ。

組合活動

二年後、人事・給与担当になった。分会では事務系の執行委員が不在で、ぜひとのことで、私が共通一般職を代表して立候補した。反対はなかった。三年間の任期である。新任挨拶で「石の上にも三年頑張ります」と言ったのだが、石どころか素晴らしいスタッフたちがいて、人生観が変わった。分会室には毎日通い、朝と帰りに行動予定表を確認した。少々束縛されたが、やってみると、分会長はじめ皆に結束力があり、良き仲間たちとなった。

人事・給与担当、臨時雇用担当のほか、組合活動もあった。職員の大事な給与、労働条件、保全事事務所の将来展望を真剣に議論した時代だった。服務規程の遵守、業務量にあった人員配置が徹底され、ときどき国の検査が入り厳しかった。臨時雇用に関してはそれほどチェックはなく、常時十名程度の雇用だった。給料も徐々にアップして夏冬のボーナスのほか、十二月末のベアの精算は、かなりの額がもらえた。定年退職まで働き続けるだろう、そう多くの職員が思っていた。

しかしこの後とんでもない政治が行われる。電電、国鉄、専売三公社民営化。市場原理主義の政治が始まる。

電電公社時代は、通信の秘密を守ること、プライバシーの保護、警察や電波監理局との連携、極端に言えばテロ対策、サイバー攻撃対策、電波での被害を出さないことが仕事だった。

現代のインターネット社会、電気通信法での体制には、人材の管理が絶対必要だ。通信事業は国の根幹部分であり、頭脳、心臓部であるのだ。

春闘

春闘では中央本部の指示で行動する。政治と同じく、上部から決められてしまう。紀元前のギリシャではすでに民主主義があり、大衆の意見を集約した代表者が中央で論議していたという。

分会としてできる要求は、遠距離出張をし移動梯子での危険な作業をする工事課職員の健康、安全面のサポート（安全パトロールの強化）、保全工事事務所の将来の展望を広げることだった。

時折組合側が不利になる時もあった。しかし分会長が休憩時間をタイミングよく取っていた。ある執行委員は税金を払いたいから給料を上げてくれという交渉をした。それだけ、扶養控除が優遇されたのである。税金、保険料も扶養家族に見合った制度だった。税、共済年金、保険料等の負担率は二十パーセントくらいだったと思う。現在は四十パーセントを超える。勿論、年金受給者からも容赦なく取られている。

年金制度の見直し

民営化と同時期に、年金制度の改正もあった。電電公社は共済年金から厚生年金へ変わった。年金制度はややこしく、未だ理解ができない。たしかこの頃は、退職時の基本給与額の六、七割が受給額だったはずである。この頃の限度額を二十五万円くらいにすべきだった。また、賦課方式ではなく積立方式にする必要があったのだ。

すでに団塊の世代が受給する頃には厳しくなることが予想されていた。コンピューターが使われていた時代なので、総理府統計局の優秀な官僚は、団塊の世代が高齢になり、同時に少子化が加速した時には社会保障が立ち行かなくなることが、わかっていたはずだ。この当時の政治がしっかりやっていれば、私たちはゆとりある老後を送ることができたし、一千兆円の借金もなかったと思う。

原子力発電所

原子力発電所の建設は昭和五十年代から進んでいたが、国民の多くは特に意識していなかったと思う。

広島・長崎の原子爆弾投下から三十年。非核三原則はどうなったのか。平成二十三年の福島原発の事故でわかったことは、今でも除染作業が続いて、放射能が感知されてしまうということだ。使用済み燃料も保管場所がないのである。

以前、原子力発電はマスコミ報道でもクリーンエネルギーだと主張されていた。二酸化炭素もなく、安全安心だとされていた。水力、火力発電よりもコストが安いというPRもあった。

原発推進派の政治家や科学者は、今の事態を国民、福島県の方々にどう説明しているつもりなのだろうか。

かつて電電公社民営化のモデルには、電力会社が挙げられていた。電力会社は初めから株式会社で独占企業なのにである。民営化はゴリ押しだった。

署名活動

民営化反対運動の署名活動では、一千百万人もの反対署名を集めた。

現役の電電公社全職員とOB職員が、勤務外で休日や夜に反対署名のお願いに駆け回った。必死に取り組み、かなりの署名は勝ち取ったが、政治利権や、改革という劇場型政治、美辞麗句には通用しなかった。道路に面した組合室の前で、ござを敷き、座り込みを実施した。座り込みは初めての体験だった。

利権政治

当時、電電公社は自動化が進み、便利な通信によって業績を上げ、黒字だった。五千億円以上の額を国庫へ納付していたので、国鉄の赤字は精算できていたはずである。とある国会議員の著書を読むと、この頃の政治家が関わっていたことが忌憚なく書いてある。なぜ民営化なのか。その議員が書くには、政財界の利権でしかなかったという。政治家の名前まで出されていた。

その本を読むと、その議員は世のため人のために書いたことがよくわかる。まさに義の政治家だ。この本に出会ったために、私やほかの読者も、民営化は時代の流れだったと勘違いせずにいられるのである。事実、一般市民には雲の上の永田町政治のことはわからない。報道で発表されない部分を、正しく知らせていただいたと思う。

私のような名も地位もない者が、政治に対して意見を言うのはどうかと思う。しかし現場で働き、民営化を経験した電電公社の職員として、知っていることをお知らせする義務がある。

ＮＴＴになってからの組織の変化、地方の衰退、お客様の声を、わかる範囲で残したい。前述の議員なら予想できていたかもしれないが、日本がここまで駄目になり、特に地方がこんなに衰退するとは、だれが想像できただろうか。

人、物、金

かつては人、物、金がうまく回転していた。現在は金、金、金の時代。これからも貧富の差はますます広がる。市場主義経済は都市部へ人と金を集める。民営化はそれが狙いだ。

民営化を断行した政治家は二枚舌どころではない。

玉虫色の民営化

全電通中央本部は、民間になれば仕事によっては賃金も上がり、処分なしでストライキができる。会社側にいろいろ要求ができる。バラ色の将来が待っているようだった。

しかしＮＴＴになってからは、時間外労働が増えた分、賃金が上がった。ストライキは民間企業になって、決行しただろうか。結果は合理化、合理化。集約、集約。解体、解体だった。

アメリカを敵にまわしたこと

私は合理化と合理主義は、合理的というのとは違うと思う。合理的と合理主義は第二次世界大戦中の日本の政治家と軍隊に、最も欠如していたものと、どこかで聞いた。イギリスのチャーチル、中国の蒋介石のアメリカを戦争に引きずり込む策略にまんまとはまった。兵器にしても、明治三十八年式の三八式歩兵銃だった。戦車もエンジンはともかく防御攻撃力が劣っていた。情報網は歴史が証明するとおり。

国の根幹をなすものは通信網だと言える。電信電話は国が管理して情報の収集、機密情報漏洩対策が必要だ。

国の領土を保守、保全する意味でも、何度も繰り返すが、電電公社だったら、この頃はあまねく公平に引くことができただろう。その場所に国民が暮らす限り、海底ケーブルを引くか、無線中継所を置いただろう。

日本列島を守るため、現場第一主義の田中総理の戦略はあったと思う。国民の暮らし、近隣諸国との外交を知っていた教養人。いい意味で駆け引きのできる、したたかな政治家だったと思う。

国家戦略においても、送電網、機械は国が保守、保全点検するべきだ。家庭内の端末機器、通信機器、便利な電話、インターネットなど「ＩＴ関連はドル箱」だ。まだまだ民間企業が参入し、競争し、安くて便利な通信が提供できる。

インフラ事業は国の機関が

道路の新設、整備事業、保守管理についても、国の機関が行うべきである。道路特定財源を復活させ、自動車重量税、ガソリン税、そのほかの車に関する税で賄うべきだ。

これからは橋やトンネルが老朽化していくと考えると、本当に大丈夫だろうか。国の機関が権限を持ち、監督することを願いたい。

地方のこれから

平成二十五年現在、これからの地方の衰退、農林業の衰退は目に見えている。十数年後には、農業従事者はさらに高齢化し、後継者不足で畑や田んぼが荒れ果ててしまうだろう。

私が東京からUターンした昭和五十一年には、幼馴染みたちが親の後を継ぎ、専業農家で家庭を持ち、子を育て、頑張っていた。子供も各家庭平均三人はいた。

少子化対策として、子供は地方の農村、漁村などで三人産んで育て、一人は都市部に出すようにすれば、バランスが取れると思う。

現在、女性の雇用、社会参加が推進されているが、これまでも農業、漁業、商店、町工場などでは、夫婦で働いて、立派に子供を育てている。以前の農家は五反もあれば暮らせていた。

現在の農業は、ハウス栽培が多く、燃料費の負担が大きいという。雨の日も作業をし、夜なべもし、大変だと聞いている。親としては子供にはつらい仕事をさせたくないのが本音かもしれない。私も電電公社時代は時間が取れ、テニス教室や地域のサークル活動、地元の世話など、たくさんの活動ができた。ある人は休日を利用し、稲作をして立派な米を作っていた。

大本営

ここでまた戦争のことを書きたいと思う。資源がなく、石油、燃料の九割はアメリカから輸入していた。そのアメリカに宣戦布告し、敗北。無条件降伏をしたのだ。国民の若い男子（三十歳を越えた人もいた）が南方、中国等で戦った。多くの犠牲者は召集令状で集められた民兵たちだった。あちらこちらから、命からがら引き揚げてきたという多くの先人たちの話を聞くと、終戦を迎える頃に徴兵された方は多く助かって引き揚げることができたが、長く戦った兵隊さんは食料難や病気で命を落とし、帰国も厳しかったという。

国民を巻き込んだ戦争と同様に、現在の政治も立ち行かなくなると国民に税の負担を強いる。一般市民が犠牲にならないよう、たとえば消費税は低所得者から取らないなどの工夫がほしい。

政策は失敗しても、一部の利権者にとっては大成功なのである。戦争も絶対反対である。外交にしても、国内の政治にしても、情報収集ができる現場第一主義が絶対必要不可欠である。

「臭い物に蓋をする」、「喉元過ぎれば熱さを忘れる」。日本では、死んだらどんな悪人も仏になるというが。

近隣の国では、死んでも許されず、墓まで暴く。戦争責任、利権政治の責任……。いずれにしろ、もう二度と悪政ができないよう徹底的に歴史に結果を残すべきだ。

大義名分が国民のほうを向いていない。政治は多くの国民の運命を変える。行財政改革と評し、甘い汁に群がる蟻が如く利権に群がり、特権階級を作り、賃金格差、年金格差、世代間格差、地方間格差などの格差を広げる。自殺者数も増え、人々は心を病み、いじめを生んでしまった。政治の過ちを認め、失政も徹底的に歴史に残すべきだ。

義の政治を

戦後の政治家は、大平総理までは国民のため、国のための政治を行っていたという実感があった。佐藤総理は平和に貢献し、ノーベル平和賞を受賞した。池田内閣の所得倍増計画は国民のための施策だ。日本人特有の、勤勉さと真面目さは世界中が信頼していた。

義の精神、夢と希望のある三十年前に戻せないだろうか。

我々団塊世代は、家庭を持ち、国のために役立つ子供を育てようと、親子が夢と希望を持てた時代だった。

砥用（ともち）電報電話局

昭和六十一年二月二十八日、合理化により、保全工事事務所は九州管内で最初に解体された。

私は、保全工事事務所に骨を埋める覚悟だった。

中長期の事業計画も決め、展望もあった。働き甲斐のある職場だった。

いち早くパソコンが導入され、最先端の技術も習得した。将来に向け、数名が熱心に取り組んでいた。無念である。

電電公社が民営化しても十年は大丈夫と聞いていた。しかも組合側、会社側の説明では、電話局は残すということだった。しかし、十年もたたないうちに窓口は閉鎖された。民営化は競争原理が目的なのに、なぜ窓口が閉鎖されたのか。地域密着型のサービスができなくなるのではないか。去る時、西の空に暗雲があった。未来を暗示するように感じた。たしかに電話局の建物は残っているが、無人局がほとんどだ。機械だけが休まず働いている。

情報化の時代、電話局は絶対に必要である。地域のお客様の対応、お年寄りや子供たちへの電話教室、パソコン教室。インターネットや携帯電話の健全な使い方教室も必要だろう。警察や公共機関と連携し、ネット系犯罪防止にも役立つはずである。

名称は砥用電話局から砥用営業所に変更になった。保全工事事務所では民営化反対運動の署名運動をしたが、民間企業となった砥用営業所では「電電公社の時同様、これからもよろしくお願いします」というキャンペーンを実施した。

約四千五百人の加入者（契約者）に対し、砥用営業所は職員五名。そのうち二名は窓口受付だった。

少人数でハードな挨拶まわり。車も入れず徒歩での訪問。九州山脈の麓を数カ月キャンペーン活動に費やした。

保全工事解散のオリジナルテレホンカード（砥用電話局で作成。この頃、デザインカードはめずらしい）

砥用営業所のお客様は電話局に絶対の信頼をおいてくださり、公衆電話会、ユーザー協会、各種団体の活動にもご理解とご協力をいただいた。夏祭り等には臨時公衆電話を設置した。各種電話機の展示販売、テレホンカードの販売もし、公衆電話会の役員さん方にご協力いただいた。

私は砥用営業所で三年間お世話になった。在籍中多々失敗もあったが、地元の皆様に優しく接していただいた。

地域に密着した営業所づくりをキャッチフレーズに掲げ、お客様の要望に合わせた活動を所長中心に展開した。

業務量が多く、締め切り前は時間外労働をするほどだったが、社員は増やさない方針だった。徐々に民間企業らしくコスト削減、人件費の削減、派遣社員による新システム導入作業もあり、とにかく忙しい毎日。また民間企業になってから突然、熊本通信部、松橋営業所で月二、三回の会議が行われるようになった。管理機関も会議を開くことで安心している部分もあったのだろう。

売上げから料金回収まで、常に数字で管理された。全商品の販売達成、料金回収は達成が困難だった。私は、会議では下を向いていた時間が多かった。当然回収率は百パーセント達成が目標である。調定額が少ないので十件回収できないと九十九パーセントを切ることになってしまった。

回収のため、一人暮らしのお年寄りの女性宅を訪問すると、きび団子を出されたことがある。「なんにも入っていません、安心して食べてください」と言っていた。懐かしい味で大変美味しかった。その方は「遠方の娘や孫と電話するのが楽しみ」と言っていた。山の一軒家である。寂しいでしょうと、いろいろなつらい話を聞いて、ついついもらい泣き。どうしても通話停止をするとは言えなかった。

「このまま待ちます」

「迷惑かけます……。いいんですか」

「心配ないです」

二、三日後に支払います、という連絡があり再訪すると、料金と娘さんからの手紙をいただいた。手紙にはお詫びとお礼の言葉が書いてあった。

営業所管内には中央町に日本一長い石段があった（三千三百三十三段）。途中の広場に公衆電話を設置した。ケーブル電柱等、景観形成で目立たないよう松橋営業所線路課が難工事で設置した。技術力はさすが電電公社の線路マンだ。

また管内には一級河川、緑川が流れており、ダムがあった。ダム景気で電話局ができたとも聞いていた。

発電機能もあり、原発に頼らずに自然を利用した水力発電をしていた。

その後、砥用営業所は開局してから十数年で廃止され、無人局となった。もったいない話だ。電話局の隣にあった営林署の人が、うちも廃止になるんです、と言っていた。

この山奥をだれが管理するのだろうか。しかし雇用は減る一方。山の管理はだれがするのだろう。高度な技術の継承はどうなるのだろう。

山が荒廃し、川が氾濫し、土砂が崩れる。

偶然か、この頃から花粉の量が多くなってきている。

日本一の石段での思い出

退職後、五十七歳の時に日本一の石段に挑戦した。

二十年前に砥用営業所で設置した公衆電話の広場を過ぎ、やっと千段まできて、限界を感じ、引き返そうとしたところ、「わし（私）がちゃんと案内してやる」という年配の方がおり、私にペースを合わせてくださった。

そしてついに、三千三百三十三段の頂上へ。

釈迦院にお参り。私の昼食は海苔のおにぎりに梅干しのみ。これじゃスタミナがつかないと、その方におかずをご馳走になったが、美味かった。

共に上ってくれたお年寄りは、いろいろな話をしてくださった。聞くと、八十歳だった。

中国との戦争で、三八式銃を担いで、大陸をひたすら歩いたという。食料は現地調達。「口には出さぬが、その頃から日本は勝てるのだろうかと思っていた」とのことである。ブラジルに移住された小野田少尉と同年兵とお聞きした。

下りは上りよりハードで大変きつく、ひざにきた。ペース配分をしていただき、最後までお世話になった。体力と精神力があり、含蓄のあるお話をするのに、一方で聞き上手。すべてに万能な方で到底真似ができないと思った。父と同年代だがタフさが違う。私と父とはＤＮＡが違った。

退職する前にお会いできていたら、教えを乞うことができ、鍛えてもらうこともできただろう。まだまだ団塊世代の助け合い精神は残っていた。テニスを続け、仕事も続け、したたかに。義の名のもとに仲間たちと、会社だろうが組合だろうが、どんな組織とも闘えていたかもしれない。

花畑営業所

三年間お世話になった砥用営業所から、花畑営業所へ異動となった。

その後、砥用営業所は一年後に廃止され、松橋営業所に集約された。歴代の砥用営業所所長、局長はじめ社員が地域密着型で培った、お客様との信頼関係がなくなったようだった。

もとは、便利な電話を公平に国民に提供する役目があった。民間企業になって、たった四年。早すぎる合理化だった。失ったものを戻すには大変だ。

関係者によるお別れ会があった。皆がわびしく、大変残念に思っていた。

花畑営業所は熊本支店と同規模の営業所だった。むしろ花畑営業所のほうが収益性があった。

私はネットワーク担当。フリーダイヤル、キャッチホン、転送電話（ボイスワープ）、三者通話、テレホンサービス、電話教室、ビジネスマナー、自動車電話、ポケットベル、ユーザー協会、それと迷惑電話（いたずら、間違い）対応、今日でいうストーカー、悪質な行為の相談に対応した電話番号の変更など、とにかくネットワーク商品のすべてが担当だった。

課長はほかの民間企業に引けを取らない課長で、ほかに公衆電話、テレホンカード、広報、窓口出納業務もあるハードワークだった。係員のほとんどが合理化による転職組で、二十三歳から五十八歳と、年齢差があった。

ベテランの営業コンサルタントのお二人が指導としてついた。「自分たちは良い。評価を将来のあなたたちへ」と言って、二人の売上げを係の売上げにしてくれた。

週一度は飲み会をして、英気を養った。その頃は、東京生活を思い出す生活だった。花見見物にも行った。ある年は熊本城で再三見物をした。花は散って、葉桜となり、花見客はほとんど見当たらない中、熊本城二の丸付近は貸切り状態だった。係の八名で飲むわ飲むわ。まだ携帯電話はなかったため、公衆電話で酒屋さんに出前注文。最後は酒屋さんも同席。やる時はやる、飲む時は飲む。売上げも常に九州トップクラスだった。

お二人のうち一人が定年退職となり、「最後の職場は良かった。民間企業になったが満足している」とおっしゃっていた。

今思うと、この頃までは良かったと思う。

ＡＳＫ活動

ノルマとして、改善策の発表があった。民間企業出身で合理化の何とかという社長の勧めだった。

時間がないと言ったら休日出勤もＯＫとなり、それが評価の対象にもなった。まだ皆、出世欲や金銭欲を持っていたため、よく取り組んで、発表した。チームは一位になり、部外のＱＣ大会にも出場した。

ある社員は、表彰での社長とツーショットの写真を大事そうに持っていた。印象を聞くと、「威張ったところがなく最高の社長」と言っていた。九州人、九州地方の現状は理解されていたと思う。

だが、その社長も昭和六十三年頃に会長職を辞任された。なぜかその後、急速にさらなる合理化が進んだ。

昼間は外販活動をすることになり、その分は時間外で事務処理をし、賃金が増えた。私の収入もアップした。増えた分は市内の飲み屋さんに貢献した。電電公社ならワークシェアリングで対処しただろう。

飲んでいて遅くなり、最終電車にギリギリ夜の十一時過ぎにタクシーで帰った。そんな時間でも、花畑営業所と同じビルにある九州支社の部屋の灯りがついていた。タクシーの運転手さんが「ほとんど毎日ついています。午前二時にまだついている時もありました。クレージー（日本語で言われた）集団です」と言っていた。同じＮＴＴ

とは言えなかった。電電公社時代は管理者が「もう五時ですよ。帰った、帰った」と言っていた。

この頃から上司が帰らないと帰れない社員も出てきた。

第三営業課の社員は公社時代のような仲間が多く、ラスト公社マンだった。すでに民営化で多くの社員とその家族の運命が変わりつつあったが、数年後にさらにＮＴＴ、そして日本の運命が大きく変わろうとしていた。

ＮＴＴ株が高騰。ＪＲの土地の売却などで不動産投資が増えたのを一要因として、バブル経済へ突入した。ＮＴＴ株は一株二百万円を超えた。

しかしそんな状態は長くは続かない。あくまで泡だ。バブル崩壊である。原因は政府の対応だろうか。アメリカの言いなりで金利を下げすぎたとも言われていた。一方、ドイツはのらりくらりと理由をつけ、したたかに金利をあまり下げなかった。流石ＥＵのリーダー、ドイツである。

ドイツは平成二十五年、木材自給率百パーセント。国が全面的に支援をして、技術力を維持し、職人を育ててきた。日本ではせっかくインフラ整備事業をして、毛細血管のように山道を整備したというのに外材に頼り、営林署は廃止され、森林業でも高齢化が進み、後継ぎ不足となってしまった。

花畑営業所の職員は、明るく楽しく元気よく、人情があり、仲間意識が強く、先輩たちを大事にした。窓際族になった先輩に対しても敬意をはらい、大事にする。本物の企業戦士は義理人情にも厚い。情けは人のためならずだ。

熊本市の祭りとして、藤崎宮秋の大祭、おてもやん総踊りがあった。花畑営業所社員多くが和気あいあいと参加。楽しい思い出になった伝統の祭りだった。

またこの頃からデジタル交換機、通信網が導入され、局舎はテロ、ハッカー対策で監視強化されるようになり、砂袋を積んだりした。私はその状況を見て、民間企業では限界がくるのではないかと思った。

テレマーケティングの研修で、熊本研修センター（以前は熊本学園）に入学した。雰囲気はまだ学園のイメージがあったが、有意義な訓練期間だった。これが最後のコミュニケーションが図れる研修だった。内容は現在のテレビショッピングの販売方法のような、フリーダイヤルを利用して単品を売る方法ではなく、その会社の利益を上げ、お客様がよりよい製品を選べ、さらにＮＴＴの通話に繋げる目的の訓練だった。

数年後は同じ係の人がテレマーケティング全国大会に参加した（私はＯＨＰとして参加した）。それは高く評価され、アメリカ研修へ行くことになった。経営センスのある人材は多くいたと思う。この路線を極め、ＩＴ企業を立ち上げてセレブの仲間になったかもしれない。

人生に運、チャンスは数度しかない。持って生まれるものか、あるいは何かの因果か、私は逆行する性格で、これが生まれついた宿命かもしれない。

インストラクターと呼んでいたいわゆる教官が、五時に終わる授業を「三十分延長します」と独断で決めたのに対し、沖縄の研修生が「時間外労働は朝言ってください。それで、いいでしょうか」と言ったことがある。

副委員だった私が、「教官、明日に授業を延ばしましょう」と提案すると、教官は「あなた方はＮＴＴを背負っていく社員です。企業人です」と言っていた。

北九州、長崎の研修生が「それはおかしい」と言った。この時代までは妥協しない、皆のためを思う、自分を持った社員たちがまだまだいた。決まりごとだ。是は是、非は非なりだ。

結局、授業は定刻どおり終えた。組織体制、理念は熊本県トップクラスの保全工事事務所の執行委員と自負していたが、沖縄、長崎県の組合員は違った本物の全電通組合員だった。

金曜日、遠くの研修生の多くは帰らず寮へ。付き合いで熊本市内に招待して飲みに行った。もちろん割り勘である。砥用営業所時代からの行きつけの安いスナックへ。飲み放題、カラオケと盛り上がり、飲みニュケーションをした。

最後の職場である熊本支店で、同じテナントのオーナーがインターネットを申し込んでくださった。店はすぐ繋がり、自宅もお願いしたいと言われたが、自宅のほうはうまく繋がらなかった。現在は光ファイバーがあるが、当時は線路状態が悪かったのだ。また、パソコン操作からお教えするようなお客様が多かった。

長い付き合いのマスターの紹介で、多くのＮＴＴ商品をご利用いただいた。これこそ、ギブ＆テイクである。

広報

道路地下工事で電話ケーブルを切断し、多くの回線が不通になった。私の上司である広報担当課長より「担当外だが頼む」と指示を受け、寒い時期に遅くまで広報車で呼びかけた。多くのお客様が「大変ですね、辛抱します」と言ってくださった。皆様がＮＴＴを信頼してくださっていた。地元の公民館を対策本部にして、花畑営業所社員が一致団結し、上下関係なく復旧にあたった。

こういったケーブル切断などの障害、また予期せぬ自然災害がいつ起こるかわからない。そういった際の人材の確保はどうするのか。草木が生い茂る山間部のケーブル線は大丈夫か。

三年間、常に九州管内上位の成績を残したが、タスク（知らない横文字が多くなる）で、花畑営業所第三営業課ネットワーク商品担当は熊本支店販売部へ集約されることになった。これも合理化だ。

この段階から営業から販売へと移ることになった。本格的に他社との競争が始まる。

熊本支店

販売企画担当と聞いていたが、着任するとネットワーク商品ＣＷ（キャッチホン）担当になった。花畑営業所とは違い、一商品の担当で、お客様相手の仕事である。自分に合っていた。このキャッチホンは、割り込み通話ができ、月三百円の付加使用料がかかった。お客様にとっても、ＮＴＴにとっても、私としては一番便利で通話完了率、利便性のある素晴らしい商品だと思った。

チームのメンバーは、各営業所から合理化集約となった社員である。ベテラン勢で、酸いも甘いも知ったスタッフ八名（うち男性二名）である。女性六名は典型的な熊本の働き者で、男性を立ててくれる女性たちだった。

委託会社（派遣会社かもしれない）に委託する、電話での販売勧奨だった。販売部の若手社員がしていたが、受注率は専門には勝てなかった。委託といってもＮＴＴの関連会社と契約する。派遣社員のほうが、歩合制だったため成績重視だった。あまり述べたくないが。

ＮＴＴが支払う委託会社との一人あたりの契約料と、派遣社員の賃金とは差があった。保全工事事務所での臨時雇用の賃金と比べると、手取り額はどうだったろう。

国がやっと正社員と派遣社員の賃金格差を検討し始めたが、本気でやるのだろうか。もうあれから三十年はたっている。

民間企業になってから、管理者の指導も成績重視となり、評価の対象も変わってきていた。販売目標も年々増え、毎日が数字とのにらめっこ。年間目標を達成してもさらに上乗せがあった。

交換機によっては、キャッチホンの工事が数時間かかった。また交換機の空き状況などの調整に手間どった。場所によっては夏は気温五十度、所要時間は六十分かかる工事もあり、機械担当の社員は大変だった。高校の同級生も機械課で頑張っていたが、この頃亡くなった。まだ四十歳そこそこだった。高校時代は挨拶をする程度だったが、あいつはどうしているかなどと思い出し、そのうち数人で飲もうと約束したばかりだった。

キャッチホンの販売では、チームは九州管内で二年間常に上位。支店長表彰を数回いただいた。

なんといってもチームワークが大切である。また機械課社員の技術力、公僕性は必要だった。残念に思ったのが、熊本支店管内に交換局が多すぎて、お互いに電話会議でお礼を言うぐらいしか関わり合いがなかったことである。「電電公社魂、思いやり、助け合い」に欠けている状況だった。

電電公社時代は、多くの職員が年功序列、同一労働、同一賃金で働いていたが、これが日本人には一番適していた。

チームで飲む酒は、最高の美酒だった。今も数名の方と、年数回酌み交わしている。

熊本南部支店

熊本支店販売部に、二年間お世話になる。

私が熊本市内を去る時には、特にチームの方には惜しまれた（?）。壮行会は食堂で豪勢に行われ、数百人で送ってくれた。

熊本南部支店は熊本第二の規模で、人口十万人に対し、ＮＴＴ社員は五百人くらいいて、支店内は局舎が狭いくらいだった。

私はここでは公衆電話部のテレホンカード担当。その当時はポケットベルが連絡手段に加わり、公衆電話から通話を行い、セットみたいに利用されていた。

販売も管理も非常に大変な仕事で、オリジナルカードをよく買った。今でも数百枚どこかにあるが、棚卸しで数が合わないと弁償した。当然だ。これほど管理のやっかいな商品はなかった！　コンピューターシステムのミスで始末書をかいたこともあった。

電話料金がテレホンカードで支払いが可能になったが、一枚あたり、手数料はかかった。窓口がないのにどこで支払うのだろうと思った。

本渡（ほんど）営業所のテレカ担当の方が急死され、係長の一名になり、天草（本渡市中心）一帯の代理店への納品の助っ人に行ったことがある。亡くなられた方を思い出しながらの仕事だった。地元天草の方で、戦争でお父様を亡くされていた。靖国神社式典で上京され、東京でお亡くなりになったという。

数年前、我が家で叔父（五十七歳没）の葬儀を執り行ったが、その方も参列してくださった。「庭のこの辺におりました」と言っていた。八代から本渡に帰る途中に寄ってくださり、私も話すことができたが、それがその人と最後の会話になった。まだまだ若く、五十歳代だった。

叔父は旧制中学校を中退して十代で予科練へ志願した。厳しい訓練だったと、よく話をしてくれた。練習機はベニヤ板のような翼だった。クッション性はなく、吹っ飛びそうな翼は揺れていたという。短期の訓練だったが、このような機で敵の船まで行けるのかと思ったそうである。しかも訓練中に米軍機と空中戦をしたという。何とか振り切ったが、戦争末期は叔父みたいな飛行時間が短いパイロット、特に戦闘機に差があったと話していた。今、私の想像では叔父に申し訳ないが相手が加減し見逃してくれたのではないかとも勝手に思っている。

大分県の病院に空中戦での負傷と痔の悪化で一カ月間入院したあと、鹿屋航空隊（知覧航空隊ではなかった）で終戦を迎えた。同期では二人しか残らず、あと全員が特攻で戦死されたと聞いた。

近所に熟練の名パイロットだったという方がいた。ミッドウェー海戦で闘ったが空母が沈没しており、泳いでいるところを駆逐艦に救助され、その後の戦いで戦死されたという。叔父は、その方の甥御さん方から話を聞いていた。

　靖国神社へA級戦犯が合祀されたが、政治家の参拝は今でも報道を賑わしている。参拝される政治家の皆様は当然、世のため人のために尽くし給へと、拝んでおられることだろう。

　戦争責任もあるが、現在の日本の借金や格差社会は、政治家の責任ではないのか。英霊は見ておられる。


　私は四十歳代のこの時期、前厄、本厄、後厄と過ごした。厄を過ぎて体調を壊して二週間入院した。診断では肺炎だが、精神的な頭と心の病気だったのではないかと思う。

　真面目な社員ほど、心の病気になった。入社した当初から民間企業だったら、それが当然の職場環境と思ったかもしれない。この十年で日本の企業の職場環境は変化した。失われた二十年の始まりだ。

　数年後、テレホンカード、ポケットベル等は役目を果たし、携帯電話が普及し、熊本支店に集約された。花畑営業所時代は携帯電話のことを移動体電話、自動車電話と呼んでいたのを思い出す。当時は、この商品の担当をしたこともある。電波状態が悪く、バッテリーも長く持たない。大型で重くて持ち運びが困難で、お客様から保証金もいただいていた。

話は淀橋電話局時代にさかのぼるが、昭和四十五年頃にデータ通信サービスが開始された。この時も先輩から異動の話をいただいた。現在はデータ通信会社、NTTドコモがある。株価も上がり賃金も高いらしい。誘われた時、「はい。どこまでも仰せのとおりにします」と言っていれば、ひょっとしたら、高給でどちらかに在籍していたかもしれない。だが今の私が存在していたかどうか。

テレカの代理店の方々にはお世話になった。この頃から八代本町商店街もシャッターが目につくようになった。地方の商店は昔と違った雰囲気がするようになった。「電話局さんは地元では買ってくれないのか」と商店街でよく言われた。私は「営業所には数名しかおらず、契約や会計がありません」と話していた。現場の人間として気持ちがわかるため、できるだけギブ&テイクしたかったが。

合理化、集約により、食堂、理髪、独身寮、福利厚生施設など、多くの雇用が失われた。食堂では地元の生産物を利用し、地産地消を目指すが、経済面での損失は計りしれない。

電話局は頑丈な建物で、機械室、電力室、屋内ケーブルの保守のため、地震、台風、火災対策は万全であり、休憩室、事務室等はがら空きだ。災害が起きたら、安全安心な避難所となる。長期化した時は食堂、風呂も使用できる。市民町民で使えるよう、絶対に公共機関に戻すべきだ。

私はそのまま南部支店八代の販売部にいることになった。

今思うと、ここが運命の分かれ目だった。当初仕事は自分のスキルでなんとかできたが、その後インターネット、パソコンの操作、モデム等の設置に苦労する。

八代のお客様は優しく、無理に注文してくださるお客様もいた。

八代市は雪が積もることがなく、八代平野、球磨川、八代海に恵まれ豊かなところだった。イ草が日本一で、以前は好景気で飲み屋さんは人口密度では日本一だったそうだ。暖かく、住むのには最適の場所だと思う。

現在、八代営業所は十数名だという。私がいた頃は、多い時で五百人ほどの社員がいたと思う。

平成十一年の台風十八号で、一週間くらい後から高潮被害によって不通になる電話があった。工事は県内外の電話工事者があたった。現場へは我々販売者が同行、県外工事者を案内した。お客様には「民間企業になって、さらにサービスが良くなると聞いていたが、復旧工事は大丈夫ですか」と言う方もいたが、電話局時代は線路課で十分対応ができた。

私は上司からあちこち転勤を迫られた。こちらも熊本人特有の肥後もっこす（頑固、意地）だ。辞表をたたきつけようかとも思ったが、明日からの生活を考えるとできなかった。子供がまだ学生だったのだ。その度、組合に相談していた。

役員が「大丈夫ですよ。私に任せてください」と言ってくれた。歴代の分会役員から組合の方のため、義の精神と真摯な姿勢を引き継いでいた。

以前の職場である、保全工事分会や花畑分会の役員の中には、敵が攻めてきたなら鉄砲で戦いますというほど、私も含め、郷土愛の強い九州男児が多くいた。本来、「武士は食わねど高楊枝、義の精神が大和魂」だ。鎌倉時代の元寇では日本を守るため熊本の武士団が、博多を死守して元を退けている。これが武士の姿である。

この頃、職場では流行語が囁かれた。上から言われたとおりの「イエスマン」。上ばかり見ている「ヒラメ症候群」。ヒラメに申し訳ない。

動物園でもあるまいし、リスとトラ（リストラ）がうろうろしていたからだろうか。

パワハラ、セクハラ、チクリ。

ニート、フリーター、負け組などという言葉も出たが、本来日本人は助け合い、思いやりの精神で生きていたのではないか。

技術系から多くの社員が販売部門へ異動した。お客様への提案書、契約書、一連の事務処理など、わかることは懇切丁寧にお教えしたつもりだ。私もよく、後輩諸君に習っていた。

少数にはなったが、熊本の後輩たちは先輩を立ててくれる人情派もいた。

社員は熊本へ、福岡へ、大阪・名古屋方面へ。収入の少ない地方は切り捨てられていった。

私は売上げが達成できず、毎日毎日管理された。明日はどうしようかと思う毎日で、出社拒否したい心境だった。コンサルタントの先生曰く、「知恵をつかえ。知恵のない奴は、金つかえ。金のない奴は、足つかえ。それでも駄目な奴は、セールスをやめてしまえ」だった。私はそんなことよりも、高い工事費や基本料・通話料をいただいているお客様のニーズに合った販売をしたかった。それがNTT熊本南部支店の生きる道、人としての生きる道だと思っていた。

しかし現実は容赦がない。その後もNTT熊本では、当初の約束と違い、まだまだ集約が行われる。職場廃止、営業所（電話局）の完全な窓口廃止、無人化。さらなる賃金カットが実行されようとしていた。

暴力、いじめで、危なく過ちを

人生六十六年、どうしても許せない男が数名いる。

高校時代のことだった。こちらは二人、相手は十数人いた。多勢に無勢で、逃げたかったが囲まれていた。

相手のリーダー格が「あんたは帰っていい」と言ったので迷ったが、「一蓮托生」で、なぜか見捨てられない。その後は中年期以降、信頼する友人たちによく「君とは一蓮托生だ」と言われてきた。

ヤバイと思った。チェーン、木刀、凶器らしいものを持っている。私は空手、柔道、相撲と少々手ほどきを受けていたが、それさえも忘れている気の弱い自分がいた。

一人はすでに殴られた。そこに幸いなことに、巡回中のお巡りさんが通りかかった。

「お前たち何をしている」

相手は蜘蛛の子を散らすように四方八方に逃げた。


戦時中、威張り腐った憲兵の話を聞いたことがある。先輩や母から聞かされていた。戦争映画等でも威張り暴行をよく見る。

つい最近も地元紙の投稿、「伝えたい私の戦争」に目が行った。

内容は炭鉱で働く十六歳の少年のことだった。

次の炭鉱に行く途中、家の近くに差しかかった少年が、こっそり親に会いに行くと、二人の憲兵が親の見ている前で殴る蹴るの暴行をしたという。炭鉱では、親といつ会えるかわからず、危険な仕事で命を落とす人もいたという。七十年前の体験談だった。親子（特に母親）がかわいそうで読んでいられなかった。

この頃、お巡りさんは怖い存在だったが、この時は助けられた。憲兵あがりかどうかわからないが、庶民の味方。丸顔の優しい人だった。

何人もいる中で、一人が諸悪の根源だった。一人では何もできなく、徒党を組んで仲間を呼び、最初に手を出した（素手ではない）。だが、不利になると一番に逃げる。ずるく、しつこく、空威張りするような奴がほとんどだ。

翌日から、待ち伏せに対処した。家宝（?）同田貫を竹刀入れかバットケースに隠し持った。

父の話では、我が家には戦前は長びつに数十本の日本刀、槍があったという。どうしても許せない敵に一太刀を！　と思った。目には目を、歯には歯をだ。今思うと、親、先生、警察に相談すればよかった。しかし自分のことは自分で。降りかかる火の粉は自分で払う、と心に決めていた。このような性分が団塊の世代にはあった。

その後、何事もなく高校生活を終え、過ちを犯さず済んだ。

しかし、「浜の真砂は尽きるとも世に盗人の種は尽きまじ」である。悪人、虎の威を借りる狐は……いなくならない。

学校だろうが、職場だろうが、集団による暴力、いじめは絶対してはいけない。政治が庶民をいじめるのも同じである。本当は心に傷を持つものは怖い。被害者は一生忘れない。加害者は忘れてしまうかもしれないが、下手をするといつか敵討、復讐されるかもしれない、と思ったほうがいい。


八代マイユーザー三十社の方々には大変お世話になった。

とある担当者の方には、いつ訪問しても気持ち良く親身に対応していただいた。「ＮＴＴ商品なら、できる限り導入します」と言ってくださった。電電公社時代の先輩方が地域に密着して活動されていたからだ。非常に義理堅い方で、トマトを研究、栽培し、ヒット商品になったとあとで聞いた。ご人徳の賜物だ。

私は、ＮＴＴ南部支店の職場確保のために働いた。しかし評価は上司がするのである。

「熊本支店より、こちらに来ないか」という話もいただいた。八代分会には親身になってもらった。分会役員も安堵されただろう。

歴代の分会長始め、分会役員の方々は、職場確保のためにあらゆる運動、手段を尽くされたと聞く。しかし、地方ほど合理化が早急になり、さらに衰退していった。

悲　報

この頃、保全工事事務所で大変お世話になった、庶務課長、係長が亡くなられた。係長はまだ五十五歳になっていなかった。葬儀の日、急に祖母が亡くなり参列できなかった。玉名市の病院に入院されていて、電話では話をしていたのだが、急なことだった。東京の大学を卒業したという先輩は、いつも笑顔で嫌な顔をしているところを見たことがない。人事給与担当の私に大事なことをよく相談してくれた。私の良き理解者で、よく引き立ててもらった。某営業所では、例の合理化によって遅くまで仕事をされたと聞いた。電電公社のままだったら、当然立派な管理者になられただろう。妹が四十九歳で亡くなった。立て続けに身近な人たちが亡くなった。皆お世話になった方ばかりである。いただいた分は、社会に少しでも貢献しなくてはならないと思う。

熊本116

熊本支店116お客様サービス部へ異動となった。サービス部の部長には以前からお世話になっていた。課長は大変な仕事量で、相当な体力とスキルがないと務まらない職だった。

食堂で昼食を取っていると、よく同テーブルに来て話しかけてくれた。

「お疲れさん」

「役員さんはVIPルームではないんですか。電電公社時代、九州電気通信局では管理者用食堂がありましたが」

などと、何だかんだと冗談を交えてお話しした。

最後の職場として、部長と課長には気軽に接していただいた。感謝申し上げたい。

販売出身は二名で、二十数名の社員が機械等の技術者だった。どこも合理化、集約だ。お客様相手の仕事しかないようだった。

表向きはインターネットの普及販売が仕事だったが、実際はクレーム対応が多かった。特に年配のお客様は電話の機能を使いこなせない方が多く、インターネットもパソコン操作も初心者がたくさんおり、初歩からお教えしなくてはならなかった。一日何件もこなしても行き届かず、申し訳なく思い、帰宅してから電話でお教えして喜ばれることもしばしばあった。

荒尾市方面、人吉市方面のお客様方にはよく、営業所窓口に寄ったが開いていなかったと言われることがあった。

「お客様、窓口は閉鎖しています。私共は熊本市内から伺っています」

「なぜ一日もかけてこんな遠方まで」

「ご迷惑おかけします」

このようなやり取りもあった。これが民間企業である。

ある一人暮らしのご年配のお客様に、「インターネットがこんなに楽しく、便利とは思わなかった。生き甲斐が持てました」というお礼の手紙を職場にいただいたこともあった。１１６の受付担当者と私が、朝のミーティングで部長からお褒めの言葉をいただいた。民間企業なら当然なのに、この部長殿は社員を大事にする、団塊世代を代表する自慢の人だった。ぶれない理念の上司だった。

その後も解体、合理化、集約の配置転換の連続であった。さらに最悪の賃金カットが組合から提起された。

民間になると賃金は上がると言ったじゃないか。約束が違うが、ストライキも打てなかった。

ドコモを始め、多くの関連会社は該当せず、ＮＴＴ本体だけの話だった。おかしな話だ。

お客様相手の１１６担当の組合員は、当然負けてはならない。

話し合いが行われ、いろいろ意見が出たが、どれも間違っていなかった。しかし、結局は本部で決定したことだった。

「職場確保」、「後進に道を」、「若い社員の給料は下げられない」などは、決まり文句だった。

県支部の役員も、上から「命令」があったと言えばよいのに、そう言わずに「皆様の意見をお聞かせください」と言ってくるのである。

民営化の時を思い出す。すべて初めから決まっているのだ。

結局、収拾がつかず後日へ。再度職場集会があり、自分も提案をした。

日頃からドコモ携帯電話、コミュニケーションズへの市外通話等々何回線も取り次いでいた。当然手数料が入る。

関連会社の態度は「我々が食わせている」というものだった。

東京時代の懐かしい言葉で「てめえ、ふざけんじゃない。トップに代われ」というが、待たされた挙句切れた。

「なぜお客様第一線の営業がカットなのか。関連会社より働いている。せめて同一賃金を」

と訴えたが、支部の回答はよく覚えていない。営業の業務内容を理解されていたかどうかさえわからない。

本来はもとの電話局に戻し、受付は職員でするべきである。

「お得な会社が数社あります」

「お客様、安くてサービスのいいお店をどうぞ選んでください」

「屋内はお客様の設置です」

「町の電話、電気屋さんも利用できます。どうぞ選んでください」

これが公平な競争原理である。民間企業、地場産業を生かすための民営化、規制緩和対策ではないのか。

以前、組合大会である人物が「組織は義理、しがらみでは駄目だ。利害関係だ」と言っていた。

組合員のためなら有利な政党についてもいいだろう。

組合の支持政党が政権を二度取ったが、政治は変わらず、自分では良くなった実感はなかった。消費税引き上げ案まで出した。マニフェストはどうだったのか？　リベラル政党、せっかく二大政党の実現かと思ったのに、一党独裁では民営化でもわかるように何でも勝手に決めるような印象がある。野党で均衡を保たないと、「悪法も法なり」となる。一度は真の民主主義政治が実現されたと思ったが、間違いだったようだ。

電電民営化反対を指揮した組合トップは署名活動で一千百万人の反対を集めたが、我々の伝家の宝刀ストライキは、やるやると言って、とうとうやらなかった。反対の大義名分は十二分にあった。日本の危機なのだ。高額な債券、工事費をいただいた加入者の皆様のため。電気通信事業の維持、発展のため。宝刀を抜き、折れるまで戦う覚悟はなかったのだろう。我ら下部末端の組合員の行動は何だったのか。

私が初めて経験したストライキは、淀橋電話局の時だった。その時は二日間突入に費やし、窓口では各部署の課長が二日分のお客様対応をする羽目になった。二度目は数十年後、保全工事事務所でだった。私は人事給与担当だったので、職員百五十人の処分を発令するための人事名簿に記入することになった。手書きの時代だったので、大変だった。

高い組合費と別に、ストライキ資金も徴収されていた。相当貯まっていたはずである。その資金を、利権がらみの民営化に反対するべく、組合員、国民のために徹底的に使うべきだった。平成二十五年、ＥＵの加盟国では激しいストライキが起きた。特にギリシャは公務員のストライキは強烈だ。

しかし、ストライキは私個人としては反対だった。

代わる手段として、資金が続く限りマスメディアを使って、国民に徹底的に訴えるべきだった。

国、会社、団体、あらゆる組織のリーダーという人は世のため、組合員のために動かねばならず、その責任は重大だ。きめ細やかな教養人でなければならない。国民の声、組合員の覚悟、ストライキ資金、組織体制は十分に整っていた。

新人の頃、東京では代々木公園や日比谷公園で集会をし、デモ行進ではリンゴをみんなでかじりながら、反戦歌を歌って歩いた。中には軍歌を歌う先輩もいた。その後、酒屋で議論を交わしながらの立ち飲み。皆、純粋だった。

その頃の仲間たちをふと思い出す。横須賀、佐世保での反対運動は間違いではない。

正しい行動だ。民営化反対の時もそうだった。あれらの行動は何だったのか。すでに忘れ去られようとしている。

組合活動も原点は「義」、「情」ではないのか。組合費を返せと言いたい。せめて退職時には、民営化後に徴収したストライキ資金は返すべきだ。

NTT西日本の収入源は、お客様からいただく基本料金、付加使用料、市内通話料等だ。それで十分にやっていけるではないか。一日二十四時間、一年三百六十五日、交換機は絶え間なく働いている。二十四時間、日本のどこかで電話をご利用いただいている。こんなありがたく楽な商売があるだろうか。

電電公社時代、基本料金はエリアの加入数により変わった。一級から十三級くらいまであり、東京エリアは一番高く設定され、地方は必然的に安くなっていた。これがあまねく公平な制度だ。かつては全国の四分の一の収入が東京電気通信局からだった。

賃金も東京では基本給のほか、暫定都市加算というものがついていた。熊本ではもらえなかったが当然である。物価指数が違うのだ。国と労使間で公平に約束されていた。

職場では先輩方、多くの団塊世代が早期退職した。最後の職場として、良き仲間に恵まれ、悔いはなかった。多くの仲間たちも限界だっただろう。電電公社だったら当然六十歳まで勤めていたが。

第七章

第二の人生

民営化を振り返り

電電公社に二十年間、ＮＴＴに十六年九カ月間、つつがなく勤めあげた。悔いはなかったと言いたい。

行政改革の名のもと、ＮＴＴやその関連会社の社員の運命が大きく変わった。電電公社では三十三万人。関連会社を合わせれば相当な人数になる。

平成二十五年現在、ＮＴＴグループは二十四万人の社員がおり、九百社あると聞く。関連会社の社員によれば、ＮＴＴとの契約が減り、契約単価は安くなったという。

早期退職の勧奨、賃金カットがある一方、株主への配当、役員報酬、内部留保がある。これが民間企業だ。国民はチェックできない。

バブル崩壊を起こした一つの原因は、ＮＴＴ株の高騰、国鉄が持っていた土地不動産の売却だ。しかもバブルの絶頂期に汐留駅などの国鉄の不動産売却を控えてしまった。たばこ特別税から国鉄の債務を返却するための法律もできた。

三公社職員は公務員に準ずる賃金だった。お客様から電話料、乗車券、煙草料があるから、十分にやっていけたはずである。

国鉄は多くの引揚者を雇用してきた。国民の足、ローカル線は赤字覚悟ではなかったのか。収支の面では電電の黒字分で、国鉄の赤字は補填できたのではないだろうか。インフラ面、安全面でも三公社は残すべきだった。

国の借金

平成十三年、国の借金は六百兆円くらいだった。現在、平成二十五年は一千兆円になろうとしている。

私は常に現場の第一線で働き、お客様の反応で、景気を見てきた。早期退職して失業保険をもらい（この制度だけが民間企業にはあった？）、職業安定所に通った。残り時間は、熊本の山々、畑、田、海岸線を車、徒歩で見て回った。

山で遭難しかけたこともある。しかし山道は細部まで整備されていることがわかった。何度も繰り返すが、日本列島改造論で地方が発展し、都市部へ農産物、海産物の直送ができるようになった。造林事業の維持、管理が行われた。

しかしその後、市場原理で人と金が都市経済に集中したのである。

ドイツでは材木生産が発展し、フランスでは農業自給率百パーセントを維持している。

地元農業者の話では、営林署時代は森林の下払いを依頼され、重宝がられたという。大事な収入源でもあった。国の施策が技術者を大事にした結果だ。

日本では後継者のめどもたたず、高齢化している。第一次産業従事者は三百五十万人に激減した。技術者保持が急務だ。

私の先祖は地元で三百年以上続き、細川藩の山林を世襲制で管理してきた。文献資料、専門家の話では、営林署のような仕事だった。私もそのDNAは継いでいるが、体力、技術がなく、とても無理とわかった。首、腰の痛み、内傷と大変だった。若いうちからやらないと無理だ。本を書くようになったのもケガのお蔭かもしれない。

営林署が民営化されてから、花粉が多くなったように思う。杉、ひのきの伐採作業、手入れがおろそかになったのだろうか。鹿や猪の被害が出るようになり、猿も出没する。二十年前は想像がつかなかった。

とにかく人は減り、動物が増えている。だれが山、川、海を守っていくのか。外国資本、外人労働者に任せてよいのだろうか。美しい日本の心、伝統は日本人が継続すべきだ。

インフラ事業

インフラ事業、整備事業は国の機関でやるべきである。民間企業ではコストのことを考え、儲けのないところは手抜きとなってしまう。

国民の税金は使わず、基本料としての使用料金だけで電話、電気を使っていくことができるはずである。電柱、送電線、ケーブルの保全だって管理できる。安全第一の鉄道だって同じである。人件費も地域に適した公務員、地方公務員の賃金制度で十分である。

また技術の向上が図れ、安全性は確保でき、地方の雇用も確保できる。

たとえば、地元の電話局で百人採用したとする（以前は職員百五十人程いた）。三万人の加入者がいるとして、一カ月の基本料金と付加使用料と市内通話料金の合計はだいたい四千円くらいだから、三万人×四千円×十二カ月＝十四億四千万円である。

人件費平均は、四百万円×百人＝四億円（二十代・二百四十万円、三十代・三百万円、四十代・四百万円、五十代・四百五十万円）である。

そのほか四千万円は訓練、経費、旅費などに使うとして、この地域では、十分やっていける。

実際は電話局（営業所）には数人いるかどうかだ。破綻も同然である。政府の介入があってもいいだろう。規制改革、試行（電話局制）でもよい。ある程度の経営能力があれば大丈夫である。三年もすればこの地域の雇用、景気対策の模範例となるだろう。

後継者問題

日本列島は山、川、海に囲まれている。それらの自然を守るため、第一次産業の後継者育成が必要である。後継者にも手当てがあるといい。

後継者となる夫妻に二万五千円（二人分で五万円）、それを手伝う両親に二万五千円（同様に二人分で五万円）の月十万円の手当てを出すのはどうだろうか。アメリカ、フランスと比較しても安いと思う。

山・川・海、あぜ道の草取り、がれきの撤去、森林の草刈り、日頃からの作業が必要だ。地方は行事も多い。自然の恵みを受ける分、天災地変もある大変な仕事だ。

夏草や

夏の雑草は、刈っても数週間でまた伸びて手に負えず悪戦苦闘する。「夏草や兵どもが夢の跡」という句もあるが、先人たちには草刈り機もなく草取りをしたことに敬意を表する。

戦後、我が家族は五人家族で少ないほうだったが、私の地元では十人家族が普通だった。暗くなるまで子供たちの遊ぶ声が聞こえていた。昔が懐かしい。

子供は農村部で産み育てるのが一番いいと思うが。

孟宗竹

四十五日間、幼馴染み数人で、伐採を実施した。ほとんど一人が技術力、体力を発揮し、チェーンソーをうならせた。直径二十センチ、長さ十五メートルはあろう。危険で重く、下へ出すのはよいが、上へ出すのはかなりの力が必要だ。電電公社のマークを思い出す「若竹」は色、においがいい。燃料には最高だ。油分があり、毎年生え、日本中どこにでもある。CO_2はほとんど出さない。燃えカスも肥料にチップにできるから火力発電等には使えないだろうか。

竹の伐採に悪戦苦闘中。平成22年

農耕民族

大昔から日本人は農耕民族だ。ＤＮＡがそうなっており、勤勉で忍耐強く、自然災害に対応できる。田んぼの力で男と書くほど、男は田んぼで力を発揮する。大戦では農村部でも多くの若者が徴兵され、日露戦争、第一次、第二次大戦と、国のために立派に戦った。

戦国時代も普段は鍬を持ち、いざいくさとなれば刀槍の武器を持った。本当の大和魂を兼ね備えた人たちである。農業を衰退させてはならない。

昭和四十年代に東京でお世話になった方々は義侠心があり、人情味があった。よく年配の方は「子、孫の代まで」という言葉を使っていた。因果応報という言葉もある。子、孫の代まで人をだましたり、傷つけたり、迷惑をかけてはいけない。日本人の義の精神を持っていた。

東京だろうが熊本だろうが、日本人特有の道徳心があった。いかんせん地元は若者が減少し、先は見えている。東京時代の友人も先は不安と言っている。

公的年金も満額をもらえる年になった。十八歳で電電公社に入社し、六十歳から満額。もとは課長、先輩諸氏から「君たち団塊世代は競争も激しく、墓に入るのも大変だ。しかし年金だけは多い。老後は安心してくれ」と言われ、老後が保障されていた。宵越しの金は持たずに、貯蓄の考えはなかった。

団塊世代が年金を受給するようになり、平成二十六年四月一日より消費税を五パーセントから八パーセントへ増額した。無駄な保養施設などを建て、運用などで失敗したのは政治ではないか。

団塊世代は戦後の混乱期を必死に生き抜き、育ち、真面目に働いた。お荷物、粗大ごみ扱い、悪者扱いされてはたまったものではない。はがゆく、悔しい。基礎年金番号導入制度の時、年金額も調整すべきだった。退職時の高額な基本給がそのまま計算されていた。年四百万円以上の受給者もおられるとか。団塊世代の多くは十八歳から強制的に徴収され、月二十万円ももらえない。

この二十年、心の病になり、尊い命を自ら亡くされる方が増えている。資本主義、民主主義の名を借り、市場主義（競争原理）に走ったからである。日本人の魂と精神を奪った政治。このような政治は、二度としてほしくない。

父の死

失業保険も切れた頃、ありがたいことに先輩から仕事の話をいただいた。しかしその矢先に父が緊急入院する。

糖尿病の悪化で、心臓部に動脈硬化があり、カテーテルもうまくいかず、半年後亡くなった。

父は家族には寡黙だった。人のことはあまり言わなかった。特に悪口など言ったことがない。地元の会合などでは折に触れ、良い人だったと言われた。

父は数度、戦争体験について話してくれたことがある。志願して陸軍に入隊、鹿児島県へ行った。アメリカ軍上陸の予定地が吹上浜だったからだ。戦車部隊に備えて穴ばかり掘っていたという。崩れた土砂で亡くなる戦友もおられたと。戦法は穴に隠れ、手榴弾か火炎瓶を投げる、自爆覚悟の戦いだった。しかし、実際に上陸していれば全滅だったと、父は言っていた。

日本兵

区長さんより「ぜひ村のために」と頼まれ、地区の役員を引き受ける。敬老会等のお世話もすることになり、父と同年の方とひざを交えた。朝から夕まで話を聞くことになった。ほとんどの方に出兵、南方戦線に行かれた話も聞いた。戦争が長引いていたら、このような話も聞けなかった。自分自身も生まれていない。

祖父は戦時中、町の助役だった。昭和二十年七月から二十一年七月まで町長を務め、現役で死去した。父は三人兄弟だったが、三人共戦争に志願したという（三男は耳が悪く不合格）。

祖父は酒、醤油を入れている蔵にある、軍服、外套等を独断で町民に配った。GHQ占領軍が上陸した時、ユーの判断はGOODだったと言われたという。戦時中だったら軍法会議ものだった。子孫まで国賊呼ばわりされ、自分も肩身の狭い思いをしただろう。

アメリカ兵

米軍は数年間滞在した。我が家にも滞在したという。親の話では、私をよくひざに乗せ、クッキーなどをくれたらしい。農地改革があり、父は勤めをやめ、一時的に農業をすることになった。祖父母が早くに他界していたため大変苦労した。

また沖縄県の方が戦中戦後、田畑、養豚、養鶏を手伝ってくれ、お蔭で助かったと聞いた。のちに実家に帰られたが、沖縄はもっと大変だっただろう。

父は長男の宿命か、家、墓、土地を守ってきた。

教養の人、田中角栄

昭和四十年代、田中角栄総理が日本列島改造論を公約にし、それを実行。夢と希望を国民に与えた。その頃の農業には未来があった。田中首相は新潟県の雪深い場所をすみずみまで歩いて現状を見て回った。日本の現状、国民の希望、期待がわかる人だった。人一倍勉強し、調査をした。官僚、役人に対しても一人ひとり、名前、仕事内容も把握されていた。皆驚き、一目置いたそうだ。

つい先日、農業を営む八十二歳の女性が、一人で枇杷の袋かけをしていた。「一人で大変ですね」と声をかけて手伝いたいが、手際、レベルが違う。自分は上を見るのが苦手（冗談だがNTT時代を思い出す）である。私は剪定作業で頸椎を痛めていた。その女性も以前は親、兄弟皆で作業をしていたという。この方は地元史、政治、短歌に詳しい教養人で、お蔭で私の先祖のことや、江戸時代から栄えた地区の話を聞くことができた。

田中さんは特に農民の気持ちがわかる人だった。「農業政策を実行してくれた」と、汗を拭きながら、政治にも詳しいその女性も言っていた。

マニフェスト選挙

「コンクリートから人へ」とは、前政権が掲げた公約だった。リベラル派政党として、多くの国民が二大政党の実現に大いに期待していた。政治家の理念、マニフェスト、公約は絶対の約束である。しかし、参議院選挙で社会保障のために消費税引き上げを言いだした。その後衆議院選挙に惨敗して、野党となった。有権者、庶民の暮らしを知っていたのか。

男女共同参画

市長の委嘱により、男女共同参画の委員を拝命し、三年間取り組んだ。自分のポリシーとして各団体の組織活動は二、三年でやめるようにしているが、その間は精一杯やる。

年に数回、講演会を開催。講師の山田太一先生、潮谷義子前県知事、樋口恵子先生の貴重な講話を拝聴した。懇親会では樋口恵子先生の横に座った。初めは緊張した。色白の優しい方で、まさに話し上手は聞き上手。私は地元の話を標準語で話した。熊本弁のままだと聞き直される場面もあった。会長がその席をすすめてくれたのだが、十年間東京にいたのをご存じだったかどうか。

山田太一先生の講話で、特に印象に残った話がある。日本とフランスは、ほぼ面積が同じだという（フランスは山が少ない）。人口は五千万人。日本は人口が減少していると政府は言っているが、心配ない。年金も厳しいが、大丈夫。フランスは農業国で、自給率は上位だ。農業収入の大半は国が補助しているという。日本政府も農業者を大事にすればよいのだ。そのような内容の話だった。庶民の生活を知っていて、同じ立場に立てる優しい先生だった。

熊本県知事

潮谷知事にはある団体の講演会で、もう一度お話を聞く機会があった。女優の竹下景子さんの講話も同時に拝聴した。懇親会で挨拶をさせていただいた。お二人とも、謙虚でつつましく、このようなレディをやまとなでしことというのだと思った。

細川知事は、熊本市のテニス大会で数度お見受けした。外連味のないプレーヤーで、よく優勝されていたのを覚えている。

福島知事は、衆議院議員時代のまだお若い時に親戚の結婚披露宴でお会いしたことがある。熊本は日本酒での返盃が礼儀としてあり、福島議員は酒豪で顔を真っ赤にしながら一人ひとり受けておられた。私の席の前に長くおられたが、四、五杯はやり取りをさせていただいた。無礼講だったが、親しみやすく差別をされないお人柄だった。

先輩方

偶然か、子供の頃から昭和十八、十九年生まれの兄たちによくかわいがってもらった。電電公社、ＮＴＴと、なぜかこの年代には身をもって教えていただいた。私は年下で、特に頼りのない人間だったのだろうか。

数年前、十八年生まれの先輩である支部長から、ある会に招待された。講演でプロ野球の稲尾和久さん、歌手で園長先生である坂本スミ子さんのお話を聞いた。懇親会では先輩がお二人の席に案内してくれ、私も同席した。稲尾さんはお酒が好きな、さわやかで、竹を割ったような男らしい方だった。

ほんの数分だが多くの有名な方にお会いでき、貴重な思い出となった。

当時はまだ若輩者だったが、多くの方との一期一会で、現在の自分がある。お会いした方で特に印象的なのは、個性的で魅力的な日本人特有の義理と人情のある、優しい方だ。しかし昨今、なぜか日本は殺伐としてきたように見受けられる。十五年くらい前から地方の衰退が加速し、格差が広がり、職人が減少した。第一次産業の後継者不足もある。これは偶然か。何度も言うが、インフラ事業を民営化した結果が、この状態を呼んだと私は認識している。昔からの良き慣習がなくなりつつある。このままではより地方が衰え、ひいては日本列島の運命が危うくなる。私の先祖は肥後藩で山の造林、管理、田畑の耕作をしていた。母方は漁業と第一次産業であるが、後継者はいない。私のＤＮＡは素晴らしいのだが。

地元での行動

男女共同参画の手伝いをやめた直後、区長より区の世話役を依頼される。ゆっくりしたかったが、たっての頼みなので引き受ける。

造林組合事業があり、会計担当をした。造林組合は昭和初期に設立され、八十年続いていた。杉、檜、クヌギ等の造林や、下払い作業を年二回実施。場所によっては急斜面で草刈り機でも作業が困難だった。私は長柄の鎌を持って立っているのがやっとだった。七十数名の組織だったが、高齢化でこの先維持は困難だ。木材も売れない。以前から保安林の話もあった。

組合長と役員で、熊本県宇城（うき）地域振興局へ相談。担当の方が親身に対応してくれた。また数度の現場実査にも足を運んでいただく。いろいろと問題もあり、総会には地域振興局、森林組合の方にも同席してもらい、説明をしていただいた。最終的に組合員全員が賛成し、保安林指定となることになった。最近は異常気象でゲリラ豪雨があり、大雨の被害に備えて、治水対策目的の保安林とすることになった。川の氾濫を防止し、魚介類が豊富な海へ。

一年後、県知事の許可がおりた。こんなに早く許可されるとは思わなかった。しかし、保安林指定を目前に、組合長が任期中にお亡くなりになった。

若い時、仕事でアメリカに行き、多くの経験をされたという。いろいろな教えをもらった。リーダーシップを発揮し、懸命に地区のため、造林組合のため、身を粉にして頑張っておられる、義理堅い方だった。

電電公社の尊敬する上司、組合長と続けて亡くし、寂しく、残念だ。しかし極力楽しかったことや、お互いに大笑いしたことなどを思い出としている。

「放課後子ども教室」の安全委員として、母校の小学校へ手伝いに行った。我々の世代は八百人から九百人いたが、現在は四十数名となっていた。

平成二十五年十月、氏神様（特に胃腸病、ヘルニアにご利益がある）の創建千三百年祭があった。当日は天候に恵まれた。

昔から、農業、林業、漁業を生活の糧としてきた地域であることを再確認した。この神社は歴史が古く、小西行長公時代からの古文書があったと伝えられたが、見つからず残念だった。また剣豪丸目蔵人が修行した場所でもあると聞く。

桜

花畑営業所時代、販売活動で植木町方面に行ったことがある。西南戦争激戦地の田原坂（たばるざか）があり、そこの公園は桜の名所だ。弁当とお茶を持って見物をしに行った。昼休みの憩いの時だった。

私は霊感というのとは全然無関係だったが、トイレから出たら官軍のなりをした兵士が見えた。幻だったのだろうか。その時は目の錯覚だと思った。

東京では上野公園、井の頭公園等で花見をしたことがある。新宿西大久保寮にも一本あり、私は四階に住んでいたから桜を上から見ることができた。しかし、なぜか上から見た桜は見栄えが悪く、見上げて見たほうが数段眺めが良いように思われる。

熊本県水俣近郊の桜は、舟遊びをしながら下から眺めることのできる最高の景色だ。なぜこのような桜のことを書くのかというと、「同期の桜、みごと散りましょう」「散る桜残る桜も散る桜」と伝えたいのである。私の大好きな桜は、散り際も見事だ。桜は上空のお日様ではなく、地面を、人を見ている。民間企業になってから特に私を慰めてくれたのは桜だった。

最後の職場である熊本支店で仕事をしていた頃、荒尾方面からの帰りにちょうど昼食時間になり、田原坂公園で昼食を取ったことがある。その時も、トイレから出たら、再び官軍兵とお会いした。言葉はなく、お辞儀をされているみたいだった。同伴者など数人に「何かイベントやっていますかね」と聞いたが、何もやっていないとのことだった。

かつて私の家の地区に官軍墓地があり、その中に大きな桜の木があった。幼少時代、その下で砂遊びをしていたら人骨が出てきたので、できるだけ深く掘り、丁寧に土をかぶせ、手を合わせたことがあった。当時、そのことを曽祖母に話すと、「それは良いことをしたね」と私を褒めてくれた。曽祖母は九十四歳で亡くなった。文久生まれで、よく西南戦争の話をしてくれた。ほかにもいろいろな話を聞いたと思うが、いかんせん覚えていない。六十年前の話だ。

官軍兵を見たのは、あの時の骨のお礼か？　田原坂とは六十キロメートルは離れている。

地元には明治十年の西南戦争では、官軍の野戦病院があったという。

昭和四十年代に整備され、忠霊塔が建ち、百五十名の英霊が祀ってある。鎮台があった東京、大阪、名古屋方面の方が多いようだ。お国のため、異郷の地で戦ったのである。敷地内には納骨堂もあり、組合員の方が年数回、掃除をされ、花を手向けられている。

農業の将来

私の住む地域には農業従事者が多い。半島とはいえ、水は豊かで、田畑は肥沃、後ろは山、前は海で気候に恵まれている。現在は果樹が主な生産物だ。昔は米が主流で、棚田から獲れる米は美味く、最高だった。耕地が狭くても生活ができた。現在は光熱費、肥料等の経費、税金、各種保険の支払いもあり、その分の収入を得るのが難しい。

全国の農業人口を調べると、二百五十万人（平成元年は五百万人）だった。そのうち、五十歳以下は一割に満たなくなっている。

あと二十年もすれば、耕作放棄地、廃屋が増えるのは間違いない。現在、報道では多くの地域が廃村化、消滅していく、という。

東京時代、童謡をよく口ずさんでいた。故郷の廃家、旅愁、父母を慕うフレーズがある。

人吉出身の抒情詩人である、犬童球渓にも有名な明治の歌がある。地方出身の仲間たちと歌いながら故郷を偲んだ。故郷を離れて暮らす者は、故郷を懐かしく思い、お盆には墓参りに帰郷してほしい、故郷で暮らせるよう算段してほしい、と願っている。

「盆がはよくりゃ　はよもーどる」、この五木の子守唄も熊本県の民謡だ。

臨調

上司が「Dさんみたいにメザシを食っている人には、やっと晩酌で馬刺がつけられるようになった私や国民の気持ちはわからない」と言っていた。庶民的だった方だが、思いとは違う結果になってしまったのではないだろうか。

現在、国はデフレ対策に躍起になっている。年金受給額は下がり、消費税は引き上げられた。これからはメザシの生活が必要になりつつある。その上司は国立大法学部で学ばれ、何事にも詳しく多くのことを教えてもらった。「西山さん、民間企業になったら何があってもどんなことがあっても銭銭と思って我慢我慢ですよ」と言ってくれた。くしくも東京時代のテニス仲間と同じ大学。助言の言葉も粘り強く辛抱することだった。

三十年前の改革が

三十年前、民営化は行財政改革の名を借りて、あたかも民間での市場競争が行われ、経済効果が出るようにＰＲした結果、様々な格差を生んだ。

何度も申すが一千兆円借金、年金の破綻、賃金格差、雇用格差、地方間格差を生んだのも、自殺者が増加したのも、二十数年前からだ。

この頃からコンピューターがあったのである。統計局の優秀な官僚が、なぜ日本の未来を計算できなかったのだろうか。私のような凡人でも、ある程度は予測がついていたのに。しかし私もこんなひどい社会になるとは思っていなかったが。

このままでは地方の山間部は江戸時代に戻るどころか、縄文・弥生時代になってしまいかねない。文明は発達し、暮らしは便利になった。しかし田舎では、縄文・弥生時代より人が住まなくなるのではないか。

このままでは、どんな経済対策をうっても、地方が良くなるとは思えない。いかに政治が大事かがわかる。三十数年前の日本の体制に戻せるとしても、戻すには時間がかかる。

庶民の生活を知る田中角栄のような人物がいたら、大平正芳元総理が長期政権だったら、と今でも思う。彼らのような人がいれば、現代社会も人・物・金のバランスがよく、庶民も中流意識が持て、国の借金はその当時と同額だったろう。公的年金も六十歳からもらえ、第一次産業従事者の後継者もいて、自然環境も保て、自給率も維持できる、健全な日本になっていたと思う。

また、「物づくり日本」を維持したい。中小企業、町工場、農林水産業の発展を目指し、インフラ整備を充実させ、どうしても機械ではできない、職人の能力、技術力を残すべく、国は真摯に取り組むべきなのである。

あとがき

自分の代は何とか家、墓、土地を守れるかもしれない。しかし次世代は見通しが立たない。なぜこうなったのだろうか。自分のどこが悪かったのだろうか。先祖に申し開きのつもりで自分史に挑戦した。

振り返っていくうちに、戦争体験者の話、電電公社の民営化への思い、地方の疲弊と第一次産業の衰退への懸念が出てきた。

これは偶然的ではない。国民不在の政治に翻弄され、運命に流されて、何のための民営化だったのか、私自身多くの矛盾を感じるようになった。なぜ、このような日本(特に地方)になったのか。それでも、情けは人のためならずと自分に言い聞かせ、相手を押しのけたり、追い詰めたり、欺いたりはしなかったことを自負したい。そして、万が一、もしどなたかにそのようなことをしていたら、大変申し訳ない。ここでお詫びをしたい。

自分では自覚していないが、勝ち組と称する人たちは、負け犬の遠吠えだと言うかもしれない。否、言う人はまだましだ。何も言わず、心の中で知ったことではない、自分さえ良ければいい、と思う人がいるであろう。しかし、人の痛みを知らないそのような連中には到底わからない。

一電電公社マン、一ＮＴＴ社員、自然を愛する日本人「大和民族」として、お世話になったお客様や、国民の皆様にお伝えしたいと思い、筆を執った。

まだまだ印象に残る多くの方がおられるが、割愛させていただいた。

先人たちは国のために戦場に行ったが、電電公社職員も国のために電気通信事業に尽力した。

戦争が日本の運命を変えたが、民営化にしても日本経済、地方の雇用、自然、あるいは防衛線まで、多くの国民の運命を変えてしまった。

昭和四十年から五十年代の日本は、戦後を必死に乗り越え、自分は二の次にし、相手のことを親身になって助けていた。日本人らしい、義理人情があり、まさに情けは人のためならず、を表現していた。歴史の中で一番心も豊かで幸せな時代だったと言っても過言ではない。洗練され、世界に誇れる民主主義国家日本だった。しかし、「あの頃は良かった」と思っていては駄目である。これからの将来に夢と希望を持たねばなるまい。

現在の日本社会では、将来が見いだせずに不安は消えない。日本列島、山、川、海はだれが守るのか。家、土地、墓はだれが守るのか。後継者にどのように継承していくのか。

一千兆円の借金をかかえる政府。高い介護保険料を納付しているのに、一人になって動けなくなったら本当に面倒を見てくれるだろうかと不安である。

これが日本の宿命とは思いたくない。教養、庶民感覚、憂国のリーダーシップを兼ね備えるリーダーが必要である。

著者プロフィール

西山 義彦（にしやま よしひこ）

本名　西山 康彦
1947年（昭和22年）11月15日、熊本県に生まれる。

1966年（昭和41年）、熊本県立高校卒業。

同年４月１日、電電公社入社。東京電気通信局新宿地区管理部松沢電話局営業課に配属。

1967年（昭和42年）、日本大学経済学部経済学科（第２部）に入学。

1976年（昭和51年）４月１日、九州電気通信保全工事事務所へ異動。

2001年（平成13年）12月１日、熊本支店にて退職、現在にいたる。

日本列島の運命　団塊世代からのメッセージ

2015年３月15日　初版第１刷発行

著　者　西山 義彦
発行者　瓜谷 綱延
発行所　株式会社文芸社
〒160-0022　東京都新宿区新宿１－10－１
電話　03-5369-3060（編集）
03-5369-2299（販売）

印刷所　株式会社フクイン

ISBN978-4-286-15988-1